装配式混凝土结构
技术研究与应用

曲秀姝　孙岩波　著

中国建筑工业出版社

图书在版编目（CIP）数据

装配式混凝土结构技术研究与应用 / 曲秀姝，孙岩波著 . —北京：中国建筑工业出版社，2023.7

ISBN 978-7-112-28704-8

Ⅰ. ①装… Ⅱ. ①曲… ②孙… Ⅲ. ①装配式混凝土结构 Ⅳ. ① TU37

中国国家版本馆 CIP 数据核字（2023）第 081552 号

　　本书从装配式混凝土结构背景入手，整理了当前国内外发展现状，详细介绍了装配式剪力墙结构和框架结构等体系，展望了建筑工业化宏观背景及管理体制变革下的装配式混凝土结构发展前景。本书共分为7章，内容分别为绪论、装配式混凝土结构设计、预制混凝土构件的连接技术、装配式预应力混凝土结构设计及性能研究、预制混凝土构件制作、装配式混凝土结构施工与质量验收、装配式混凝土结构工程应用案例

　　责任编辑：杨　杰　范业庶
　　责任校对：张　颖

装配式混凝土结构
技术研究与应用
曲秀姝　孙岩波　著

*

中国建筑工业出版社出版、发行（北京海淀三里河路9号）

各地新华书店、建筑书店经销

北京鸿文瀚海文化传媒有限公司制版

三河市富华印刷包装有限公司印刷

*

开本：787毫米×1092毫米　1/16　印张：13　字数：321千字

2023年6月第一版　2023年6月第一次印刷

定价：**59.00**元

ISBN 978-7-112-28704-8

（41138）

新时代的建筑形式应充分体现绿色发展理念，实现工程建设高效益、高质量、低消耗、低排放的新型建筑工业化。新型建筑工业化结合了现代科学技术和企业现代化管理，产生新的设计标准、施工工法、质量检测、工程管理等一系列新的变化，并带来管理体制的变革。在制造业转型升级的大背景下，党中央已经明确指出我国未来的建筑业发展要坚持走新型建筑工业化道路，发展装配式混凝土结构是新型建筑工业化道路的必经之路。

装配式混凝土结构是建筑工业化发展的必然产物。目前，我国在装配式混凝土结构中仍存在质量水平较低、造价成本较高、设计理念不够完善等问题，但随着装配式混凝土结构受到政府的大力支持，创新型技术研究的力度逐渐加大，我国装配式混凝土建筑的整体质量将得到有效改善，从而推动现代化城市的前进脚步，为建筑领域带来新的发展方向。

本书从装配式混凝土结构背景入手，整理了当前国内外发展现状，详细介绍了装配式剪力墙结构和框架结构等体系，展望了建筑工业化宏观背景及管理体制变革下的装配式混凝土结构发展前景；依次从平面、立面和外围护等多角度对装配式混凝土建筑进行设计，从整体、节点和构件的深化设计方面对装配式混凝土结构进行整体把控；依托相关规范采用图文表述的方式对预制混凝土构件连接技术进行说明，主要强调了钢筋、叠合构件及剪力墙构件的多种连接方式；针对装配式预应力混凝土框架及节点抗震性能进行研究，重点介绍了外置可更换耗能器的耗能机理试验研究，以及针对该体系的关键施工技术方案；对预制混凝土构件制作设备、制作工艺、质检、运输等结合工程实例进行介绍；结合工程实例，对装配整体式框架及剪力墙结构施工方式、质量验收方法进行总结与完善。

本书的撰写主要由曲秀姝、孙岩波两位作者密切合作完成。其中第1～5章由曲秀姝统稿，付潇、谢焱南、秦成浩、任杰、刘彬、黄飞、王辉等参与撰写，第6、第7章由孙岩波负责统稿及撰写。

本书得到了北京建筑大学和北京市建筑工程研究院有限责任公司的支持，在本书的撰写过程中，刘庆文、孙可欣、邓羽翔、于江义、刘洪萌、李中杰等研究生为本书的编写提供了相关帮助。在此对上述单位及人员表示衷心感谢。

本书主要总结了作者在装配式混凝土结构领域的研究工作及对装配式建筑发展应用的认识，书中难免有疏漏及不足之处，敬请读者予以批评指正。

目 录

第1章 绪论 ……………………………………………………… 001

1.1 装配式混凝土结构的概述 …………………………………… 001

1.2 装配式混凝土结构的国内外发展概况 ……………………… 002

　　1.2.1 国外发展现状 ………………………………………… 002

　　1.2.2 国内发展现状 ………………………………………… 003

1.3 装配式混凝土结构的分类及相关研究 ……………………… 004

　　1.3.1 装配式剪力墙结构 …………………………………… 004

　　1.3.2 装配式框架结构 ……………………………………… 007

　　1.3.3 其他装配式结构体系 ………………………………… 013

1.4 装配式建筑政策与未来发展展望 …………………………… 015

第2章 装配式混凝土结构设计 ………………………………… 019

2.1 材料性能 ……………………………………………………… 019

　　2.1.1 混凝土 ………………………………………………… 019

　　2.1.2 钢筋 …………………………………………………… 019

　　2.1.3 连接材料 ……………………………………………… 020

2.2 装配式建筑设计 ……………………………………………… 021

　　2.2.1 设计流程 ……………………………………………… 022

　　2.2.2 建筑风格 ……………………………………………… 022

　　2.2.3 装配式建筑模数化 …………………………………… 022

　　2.2.4 平面设计 ……………………………………………… 023

　　2.2.5 立面外围护设计 ……………………………………… 023

　　2.2.6 机电设备与管线系统设计 …………………………… 029

　　2.2.7 内装系统设计 ………………………………………… 029

2.3 装配式结构设计 ……………………………………………… 029

　　2.3.1 结构设计内容 ………………………………………… 030

2.3.2 整体分析一般规定 ··· 030

2.3.3 作用及作用组合 ··· 033

2.3.4 结构整体分析 ··· 034

2.3.5 预制构件与节点连接设计 ··· 034

2.3.6 预制构件的拆分深化设计 ··· 037

2.4 预制构件施工阶段设计验算 ·· 045

2.4.1 预制构件的安装与连接 ··· 045

2.4.2 预制构件的验算 ··· 045

第3章 预制混凝土构件的连接技术 ··· 048

3.1 钢筋连接技术及要求 ·· 048

3.1.1 灌浆套筒连接 ··· 048

3.1.2 钢筋浆锚搭接连接 ··· 052

3.1.3 挤压套筒连接 ··· 054

3.2 框架结构构造连接技术 ·· 055

3.2.1 叠合板构造连接 ··· 056

3.2.2 叠合梁构造连接 ··· 057

3.2.3 预制柱构造连接 ··· 061

3.3 剪力墙结构构造连接 ·· 066

3.3.1 剪力墙间连接形式 ··· 067

3.3.2 剪力墙-预制柱连接 ··· 070

3.3.3 剪力墙-预制板连接 ··· 071

3.3.4 剪力墙-预制梁连接 ··· 073

3.4 预制预应力构件连接技术及要求 ··· 074

3.4.1 先张预应力梁柱节点 ·· 075

3.4.2 自复位预应力梁柱节点 ··· 076

第4章 装配式预应力混凝土结构设计及性能研究 ······························ 080

4.1 装配式预应力混凝土结构力学性能概述 ·································· 080

4.2 后张拉预应力混凝土结构设计要求 ······································ 081

4.2.1 一般规定 ·· 081

4.2.2 设计计算要求 ··· 081

4.3 外置可更换耗能器耗能机理研究 ··· 087

4.3.1 外置可更换耗能器循环拉伸耗能机理研究 ····················· 087

4.3.2 外置可更换耗能器循环拉压耗能机理研究 ····················· 094

4.3.3 小结 ··· 099

4.4 后张拉预应力混凝土框架抗震性能研究 ·························· 100

    4.4.1 试件设计 ························· 100

    4.4.2 试验加载 ························· 102

    4.4.3 试验结果分析 ····················· 102

    4.4.4 小结 ··························· 105

4.5 后张拉预应力混凝土节点抗震性能研究 ·························· 106

    4.5.1 试件设计 ························· 106

    4.5.2 试验加载 ························· 106

    4.5.3 试验结果分析 ····················· 109

    4.5.4 力学性能研究 ····················· 111

    4.5.5 小结 ··························· 114

4.6 后张拉预应力混凝土结构关键施工技术方案 ···················· 114

    4.6.1 主要构件的制作要求 ················· 115

    4.6.2 预应力张拉与孔道灌浆 ··············· 116

第5章 预制混凝土构件制作 ······························ 118

5.1 预制构件制作要求 ································ 118

5.2 预制构件的制作 ································· 118

    5.2.1 预制构件的制作设备 ················· 118

    5.2.2 预制构件的制作工艺 ················· 119

    5.2.3 预制构件的前期检查 ················· 119

    5.2.4 预制构件的振动捣实 ················· 119

5.3 预制构件质量检测与验收 ························· 120

5.4 预制构件的堆放与运输 ·························· 121

5.5 预制混凝土叠合板制作实例 ······················ 121

5.6 混凝土夹心墙板制作实例 ························· 123

第6章 装配式混凝土结构施工与质量验收 ················ 126

6.1 施工准备 ···································· 126

    6.1.1 装配式混凝土结构施工指导文件 ·········· 126

    6.1.2 人员 ··························· 126

    6.1.3 设备及工具 ······················ 127

    6.1.4 安装用构件及材料 ·················· 130

    6.1.5 测量放线 ························ 131

    6.1.6 构件预拼装 ······················ 132

6.2 装配式混凝土框架结构施工 ······················ 132

6.2.1　预制柱安装 ·· 133

6.2.2　预制梁安装 ·· 134

6.2.3　后浇区钢筋绑扎及模板支设 ······························ 136

6.2.4　预制叠合板安装 ·· 137

6.2.5　预制混凝土阳台板安装 ······································ 137

6.2.6　预制楼梯安装 ·· 138

6.3　装配式混凝土剪力墙结构施工 ·································· 139

6.3.1　标准层施工流程 ·· 139

6.3.2　预制剪力墙板安装 ·· 139

6.4　钢筋套筒灌浆连接施工 ·· 140

6.4.1　钢筋连接用灌浆套筒施工质量控制要点 ···················· 140

6.4.2　灌浆套筒施工质量验收控制要点 ·························· 143

6.5　装配式混凝土结构施工用塔吊的选型与布置 ···················· 144

6.5.1　塔吊选型 ·· 145

6.5.2　塔吊的布置原则 ·· 146

6.5.3　塔吊运行效率 ·· 146

6.5.4　塔吊附着锚固施工 ·· 148

6.6　装配式混凝土结构检测 ·· 148

6.6.1　结构用材料检测 ·· 148

6.6.2　预制构件进场检测 ·· 149

6.6.3　预制构件安装后检测 ·· 150

6.7　装配式混凝土结构工程质量验收 ································ 151

6.7.1　支撑与模板 ·· 151

6.7.2　钢筋与预埋件 ·· 152

6.7.3　后浇混凝土 ·· 152

6.7.4　预制构件进场 ·· 153

6.7.5　结构装配施工 ·· 154

6.7.6　文件与记录 ·· 157

6.8　BIM技术在装配式混凝土结构施工中的应用 ···················· 160

6.8.1　装配式施工BIM模型 ·· 160

6.8.2　参数化创建墙板斜支撑族和节点模板族 ···················· 160

6.8.3　墙板斜支撑的碰撞检测 ······································ 161

6.8.4　复杂节点的施工仿真模拟 ···································· 162

第7章　装配式混凝土结构工程应用案例 ······························ 164

7.1　装配整体式框架结构——西安三星电子工业厂房项目 ············ 164

7.1.1 工程概况 ·· 164

7.1.2 项目主要特点 ··· 164

7.1.3 预制构件施工安装要点 ·· 165

7.2 装配整体式剪力墙结构——北京马驹桥物流B东地块公租房项目 ··············· 167

7.2.1 工程概况 ·· 167

7.2.2 项目主要特点 ··· 167

7.2.3 预制构件施工安装要点 ·· 168

7.3 装配整体式剪力墙结构——成都大丰保障房项目 ································· 173

7.3.1 工程概况 ·· 173

7.3.2 项目主要特点 ··· 173

7.3.3 预制构件施工安装要点 ·· 173

7.4 装配式预应力框架剪力墙结构——正方利民集团基地1号楼项目 ··············· 175

7.4.1 工程概况 ·· 175

7.4.2 项目主要特点 ··· 175

7.4.3 预制构件施工安装要点 ·· 177

7.5 装配式预应力框架结构——武汉同心花苑幼儿园项目 ····························· 180

7.5.1 工程概况 ·· 180

7.5.2 项目主要特点 ··· 180

7.5.3 预制构件施工安装要点 ·· 180

7.6 装配式预应力框架结构——北京建工文安综合楼项目 ····························· 185

7.6.1 工程概况 ·· 185

7.6.2 项目主要特点 ··· 185

7.6.3 预制构件施工安装要点 ·· 185

参考文献 ·· 190

第1章 绪 论

近年来，我国面临着产业结构的转型和调整，建筑业也不例外，低碳环保型建筑已经成为一种趋势，建筑业作为一大经济体产业对国民经济举足轻重，加之我国城市化进程的加快，现浇结构必然要被预制装配式结构所取代。与预制结构相比，现浇结构具有诸多明显的缺点：

（1）建造过程能耗较大，材料和工具浪费较大，不满足节能低碳要求。例如，现场的混凝土浇筑会产生原材料浪费，模板在使用过程中无法循环利用，且脚手架搭设过多。

（2）无法实现工业化生产方式，施工质量和速度得不到有效保证。结构在建造过程中的质量会很大程度上受到人为因素的影响，施工进度也会受到各种因素制约。

（3）人工成本较高，且工作效率低下。施工过程消耗巨大的人力物力，由于天气和环境等因素的影响，工期会受到影响，混凝土的浇筑养护也要花费更多的成本和时间。

建筑产业现代化的发展理念是坚持绿色发展，力图形成完整的建筑产业链。实现建筑产业现代化的前提是大力发展建筑工业化，发挥工业化生产方式的优势，利用装配式技术对建筑施工全过程进行严格的质量监控和管理；以生产方式的变革，实现传统生产方式向现代生产方式的转变，最终提高建筑的质量、效率和效益。本节将总结装配式混凝土结构的发展历程，分析国内外在预制装配式混凝土结构领域的发展状况，并在此基础上详细介绍预制结构的体系分类。

1.1 装配式混凝土结构的概述

装配式混凝土结构，是由各种预制混凝土构件通过连接构造组装成整体的装配式结构形式，包括半装配式混凝土结构形式和全装配式混凝土结构形式。采用装配式的生产方式可提升构件质量、降低工程造价、加快施工进度、减少环境污染、促进建筑业转型等。

装配式预应力混凝土结构是装配式混凝土结构的重要组成部分，通过预应力可以将零散的预制构件牢固地拼装在一起，各个构件之间具有较强的预紧力，从而实现用"干节点"取代"湿节点"。就混凝土材料的受力性能来说，混凝土具有较强的抗压性能，但其抗拉能力较弱。因此，在装配式混凝土结构中引入预应力，可有效提高结构承载力、增加结构跨度、减少混凝土开裂、减轻结构自重等。在预制结构中加入了预应力技术，使得装配式结构有了巨大的进步，预制体系也更加完善成熟，目前在欧洲、美国、日本、新西兰等国家和地区应用较为广泛。

1.2 装配式混凝土结构的国内外发展概况

1.2.1 国外发展现状

1875年，英国的William Henry Lascell的发明专利"Improvement in the Construction of Buildings"的问世标志着预制混凝土的起源[1]，这一时期，土木工程领域也提出了预应力混凝土的概念，用于解决钢筋混凝土开裂的问题。1976年，联合国经济社会事务部指出：建筑工业化将是20世纪不可逆转的潮流。1989年，国际建筑研究与文献委员会第十一届会议上，建筑产业化被视为建筑技术发展的趋势之一[2]。20世纪末，现代预应力混凝土结构取得了巨大的进步与发展，预制装配式混凝土结构已广泛应用于工农业建筑、桥梁道路、水利工程等各个领域，发挥着不可替代的作用。装配式混凝土结构在西欧、北美、日本应用十分广泛，处于全球领先地位[3]。

（1）北美（美国和加拿大为主）

1991年的PCI（预制预应力混凝土研究所）会议成为装配式混凝土结构发展的重大推动力，PCI长期致力于推广预制建筑体系，制定了系统完善的预制混凝土标准规范。1997年颁布《美国统一建筑规范》（UBC97），规范指出装配式混凝土结构可在高烈度地震区使用的预期[4]。北美预制构件的重要特点是大型化、大跨度且与预应力技术完美结合，充分体现了建筑工业化、标准化、经济化等建筑未来发展的新特征。之后，PCI出版了《预制混凝土结构抗震设计》，此书理论联系实践，系统地分析总结了建筑结构抗震设计的最新科研进展，对装配式混凝土结构的发展具有重要指导意义。

预应力的应用得益于美国预制构件制造业在市场环境下高度的自由竞争。利用预应力增加板、梁、墙的跨度，简化结构体，提供大开间，降低成本，缩短工期，增加经济效益等，成为业主选择使用预制构件的要素。而板、梁、墙、柱的预应力构件生产线成了美国预制厂必备的生产工具。图1-1所示为美国预制预应力产品生产线。

(a) 室内长线固定模台　　　　　(b) 预制看台板固定模具　　　　　(c) 室内150m预应力长线模台

图1-1　美国预制预应力产品生产线

（2）欧洲

17世纪开始，欧洲就启动了"建筑的工业化"之路，西欧作为装配式混凝土结构的发源地，其预制建筑相当广泛。第二次世界大战后人力和资源的短缺更是促进了欧洲对建筑工业化模式的探索。20世纪50年代后，装配式大板结构在法国成为主要的施工技术；1960年，法国的建设科学技术中心认可了大型板式PCa构法，并在3年时间里用此技术建造了55万户的民用住宅；到1977年，构件建筑协会（ACC）的成立进一步推动了法国住宅的工业化进程[5]；到20世纪90年代，法国建筑的工业化向产业化方向进行转变，创建了装配式混凝土结构体系（SCOPE）。2010年，预制混凝土结构国际研讨会（PCS2010）在葡萄牙里斯本举行，会议上各国交流了预制装配式混凝土的最新发展和研究成果[6]。此后，欧洲一直积极推行装配式建筑的施工方式，积累了许多设计和施工经验，形成了预制建筑的产业体系，编制了相应的预制混凝土应用手册，这些成果对后期装配式混凝土结构的发展应用影响深远。

（3）日本

日本成功借鉴欧美的预制建筑成果，并结合日本本土地震频发的现状和建筑要求，在装配式混凝土结构抗震设计方面取得突破性进展，在几次较大地震中，其装配式混凝土结构都体现出良好的抗震性能。日本曾借鉴欧洲PCa构法，成功研制并应用了W-PC（板式钢筋混凝土）构法，并于1960～1971年间建造了12万余户集合住宅[7]。日本的装配式混凝土房屋设计、施工规范也相当完善，如现在使用的有《钢筋混凝土工程》JASS5、《预制混凝土工程》JASS10、《预应力混凝土设计施工规准》等多部与装配式混凝土相关的规范[8]。总体来说，日本装配式混凝土建筑体系完备（图1-2），施工技术先进，施工管理制度严格，构造设计合理，预制构件的质量较高，综合水平居世界前列。

图 1-2　日本预制构件生产

1.2.2　国内发展现状

我国装配式混凝土的研究和引进始于20世纪50年代末，主要是借鉴并引进了苏联的装配式大板结构体系。1960～1980年出现的装配式大板建筑是在当时经济基础薄弱、钢筋水泥等材料缺乏的情况下，基于刚性需求和建设效率提出的，后因其存在防水、抗震以及外观设计等问题被逐渐弃用。20世纪80年代初，我国建筑业曾开发应用了一些新工艺，比如升板体系、南斯拉夫体系、预制装配式框架结构体系等，但是并没有得到广泛推广。一方面以唐山大地震为代表的地震灾害使得大量的装配式混凝土结构遭到破坏，人们对预制结构的应用并不看好，而倾向于认为现浇结构明显优于预制结构；另一方面，由于技术上无法突破，导致国内预制混凝土构件存在着承载力较低、跨度小、延性差、品种单一、节点构造形式守旧等诸多问题。这些都严重阻碍了我国装配式混凝土结构的发展。到了20世纪90年代，由于构件生产安装、结构受力性能、构件连接方式等技术原因和地震灾害的威胁，装配式混凝土结构体系开始没落，并逐渐被现浇混凝土结构体系所取代。近年来，随着建筑业的新发展趋势，响应国家号召，大力发展预制装配式混凝土结构被搬上日程，越来越多的单位开展了关于装配式结构的关键技术研究、工程示范和应用。

随着建筑业的新发展，先前存在的市场培育不充分、技术体系不够成熟、质量管控工作有待加强以及行业队伍水平有待提升的问题均在逐步改善。首先是政府大力倡导，纵观我国装配式建筑的发展过程，政府主导作用十分显著，近年来出台的关于装配式建筑发展的政策对装配式建筑的发展起到重要的推动作用。2020年，全国新开工装配式建筑共计6.3亿㎡，较2019年增长50%，占新建建筑面积的比例约为20.5%，完成了《"十三五"装配式建筑行动方案》确定的到2020年达到15%以上的工作目标。近五年年均增长率为54%，装配式建筑呈现良好发展态势。截至2020年，全国共创建国家级装配式建筑产业基地328个，省级产业基地908个。在装配式建筑产业链中，构件生产、装配化装修成为新的亮点，构件生产产能利用率进一步提高，2020年装配化装修面积较2019年增长58.7%。从结构形式看，依然以装配式混凝土结构为主。2020年，新开工装配式混凝土结构建筑4.3亿㎡，占新开工装配式建筑的比例为68.3%；钢结构建筑1.9亿㎡，占新开工装配式建筑的比例30.2%。第二点是完善相关管理标准，在装配式建筑发展的过程中，相关技术规范的建设相对滞后，预制部品部件的标准化程度不高，装配式建筑的建造质量有待提高，生产和施工效率还有很大的提升空间，应通过构建全面覆盖装配式建筑设计、构件生产、结构安装等的系统化标准体系，进一步推动装配式建筑的发展。第三点是推动技术创新发展，从降低装配式建筑建设成本的角度，推动技术创新势在必行，为装配式建筑的施工质量和效率提供强有力的支持。

1.3　装配式混凝土结构的分类及相关研究

结合我国现行规范《装配式混凝土结构技术规程》JGJ 1—2014[9]的规定，可按照结构体系将装配式混凝土结构大体分为装配式剪力墙结构体系、装配式框架结构体系及装配式框架剪力墙结构体系等，具体工程的结构选型可根据其所需的高度、平面尺寸、抗震等级、设防烈度和功能需求来确定。

1.3.1　装配式剪力墙结构

装配式剪力墙结构指用预制钢筋混凝土墙板来代替结构中柱梁的结构体系。装配整体式剪力墙结构工业化程度较高，其最大特点是整体性好，承载力高，侧向位移小，抗震性能良好。该体系不足之处是房间空间较小，平面布置不灵活，且构造复杂，施工难度高[10]。

装配式剪力墙结构体系分类：全预制或部分预制装配式剪力墙结构、叠合剪力墙结构、装配式大板结构（多层装配式剪力墙结构）、后张拉无粘结预应力装配式剪力墙结构（由美国PRESSS项目提出）等。装配式剪力墙结构如图1-3所示。

（1）全预制或部分预制装配式剪力墙结构

全预制和部分预制的区别在于部分预制剪力墙结构的内墙现浇而外墙预制，外墙预制可保证保温层、防水层和门窗阳台的一体化生产。部分预制剪力墙结构拼接缝较少，施工

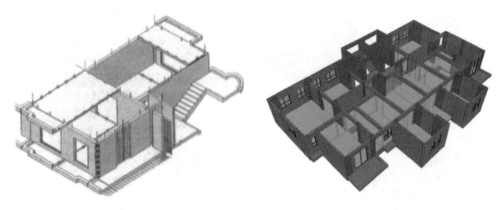

图 1-3 预制装配式剪力墙结构

难度较小，但预制率较低，以后会逐渐被其他结构取代；全预制剪力墙结构的拼接缝构造较为复杂，且技术性较高，难以确保结构完全等同于现浇。

全预制剪力墙结构体系的楼板多采用叠合楼板，内外墙均为预制构件，节点部位后浇混凝土，墙和楼板之间通过预留钢金属波纹管灌浆连接，预制剪力墙之间的接缝采用湿式连接，该体系主要用于高层建筑，承载力、延性和刚度高于规范要求。装配式剪力墙结构施工形式如图1-4所示。

图 1-4 装配式剪力墙结构施工形式

具有代表性的研究成果：朱张峰[11]等对全预制装配式剪力墙结构的中间层边节点进行了抗震性能研究，试验表明，剪力墙的承载能力、刚度、延性变形能力、耗能能力及抗震性能与现浇构件接近。陈锦石[12]等对全预制装配式剪力墙结构（1/2缩尺的4层结构模型）进行低周反复试验，试验表明，结构模型承载力和刚度满足规范设计要求，结构模型震中保持弹性，抗震性能良好。

（2）叠合式剪力墙结构

叠合式剪力墙结构体系主体是叠合式楼板与叠合式墙板，辅以现浇混凝土剪力墙、梁、板及边缘构件形成整体。施工时吊装固定后，向其夹层内浇筑混凝土，预制叠合板起到支模的作用，待现浇混凝土硬化后与预制部分共同承担荷载，如图1-5所示。

具有代表性的研究成果：连星等[13]对采用不同边缘构件约束的叠合式剪力墙结构进行低周反复试验，得出结论，叠合板和现浇部分具有良好的粘结能力，预制及现浇混凝土

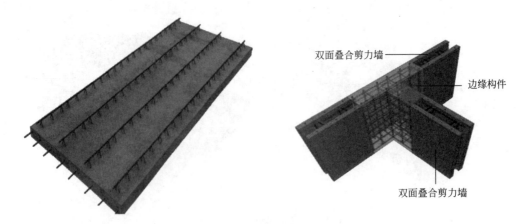

图 1-5　叠合板构造示意图

之间可协同工作，破坏形态与现浇剪力墙类似，边缘构件宜采用暗柱形式。Salmon[14, 15]等提出一种新型预制混凝土夹芯板材，两侧的预制钢筋混凝土板材通过剪式支架连接起来，在板材之间放置保温材料，并通过大量试验研究了板材之间加入型钢提高其承载力的可行性。

（3）装配式大板结构

装配式大板结构常用于多层装配式剪力墙结构，是由预制钢筋混凝土墙板和预制钢筋混凝土楼板拼装而成的一种结构体系，构造如图1-6所示。该体系施工简便，效率高，但整体性较弱。

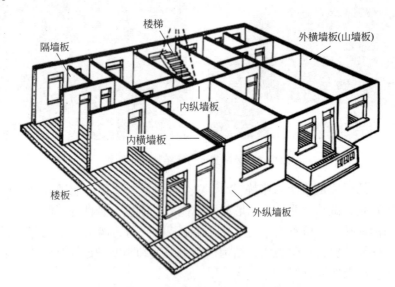

图 1-6　装配式大板结构示意图

接缝性能和整体性能是装配式大板结构体系研究的重中之重。Harris[16]等采用足尺的装配式大板结构进行墙板节点轴心受压承载力试验，试验表明，接缝处后浇混凝土强度对节点的承载力影响很大，可增设加强钢筋来改善节点性能。Park[17]提出装配式大板结构的分析模型，阐明了套筒连接和金属波纹管连接方式，并沿用至今。朱幼麟[18]等对8

层装配式大板结构进行了水平荷载作用下的静、动力试验，主要研究了其水平接缝和竖向接缝对结构整体性能的影响，研究表明，水平接缝主要影响了墙体的抗侧刚度，竖向接缝的剪切角主要影响了连肢墙的内力分布。国内外的研究都表明，要使得装配式大板结构具有较好的整体性和连续性，必须控制水平接缝的剪切滑移，并使竖向接缝拥有充足的耗能能力。万墨林[19]总结了国内外装配式大板结构的连续性倒塌的现象，提出了防止大板结构连续性倒塌的结构布置、计算方法和局部构造要求。

日本在装配式大板结构体系的基础之上研发了一种壁式框架钢筋混凝土结构[20]，即WR-PC体系。该体系纵向由梁和扁平壁柱形成刚架，横向由独立的连层剪力墙组成，预制率较高，如图1-7所示。

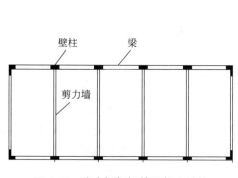

图1-7 壁式框架钢筋混凝土结构

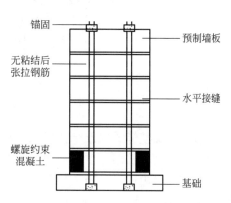

图1-8 后张拉无粘结预应力混凝土墙

（4）预应力装配式剪力墙结构

Kurama[21]等研究了后张拉无粘结预应力混凝土剪力墙水平方向的连接性能，试验中的混凝土墙由穿过其水平接缝的后张拉钢筋连接起来，如图1-8所示。试验通过研究开洞对混凝土墙的影响发现，后张拉无粘结预应力墙和现浇整体式混凝土墙的强度和初始刚度类似，延性较好，即便发生较大非线性水平位移也只有较小的破坏，这种非线性的性质则主要是由于水平接缝的张合表现出来的。孙巍巍[22]等采用1/7缩尺的8层后张拉无粘结预应力短肢剪力墙做拟静力试验，试验表明，通过恰当的结构设计可以使得连续梁的破坏集中出现在连续梁和墙肢的结合处，而其他部位基本保持弹性，以实现"强墙弱梁"。

1.3.2 装配式框架结构

装配式框架结构一般由预制柱或现浇柱、预制梁、预制楼板、预制楼梯和非承重墙组成，辅以等同现浇节点或装配式节点组合成整体。该结构形式传力明确，装配工作效率高，可有效节约工期，从各个方面来看装配式框架结构是最适合建筑装配化的一种结构形式，可主要应用于厂房、办公楼、教学楼、商场等结构，如图1-9所示。

常见的装配式框架结构体系有：等同现浇节点结构体系、预应力框架结构等。

（1）等同现浇结构体系

等同现浇结构体系主要包括"预制梁柱构件+现场浇筑节点"和"现浇叠合梁"体系。

"预制梁柱构件+现场浇筑节点"这种体系的梁和柱子都为预制构件，通过现场浇筑

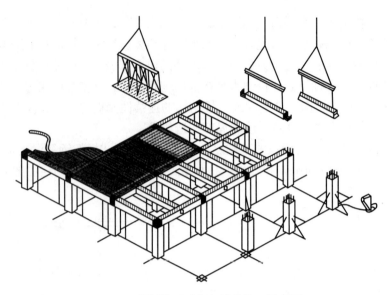

图 1-9　预制装配式框架结构施工示意图

框架节点形成后浇整体式框架结构体系，浇筑节点时可以采用钢纤维混凝土来提高节点处钢筋和混凝土之间的粘结强度，从而提高节点的抗剪能力并增大其延性。该体系工业化程度高，内部空间自由度好，施工相对简单，预制率较高，抗震性能较好，是我国现行规范《装配式混凝土结构技术规程》JGJ 1—2014[9]中的主要结构形式之一。

　　"现浇叠合梁"体系主要包括"现浇柱+叠合梁"和"预制柱+叠合梁"两种形式。其中叠合梁的浇筑过程分为两次，第一次是在预制构件厂中完成，预制部分的梁运至现场并完成安装，然后现场二次浇筑混凝土，使其与柱形成较好的连接节点。采用叠合梁等新型节点构造，其整体性能与抗震性能均可满足使用要求，与此同时，现浇叠合梁体系带有预制部分的构件，在提高整体性能的同时具有施工效率高的特点[23]。具体如图1-10所示。

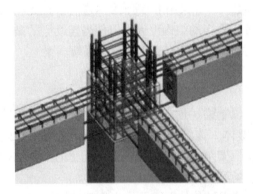

图 1-10　装配整体式框架梁柱节点构造图

（2）预应力框架结构体系

　　预应力框架结构体系主要包括预制结构抗震体系（PRESSS），世构体系（SCOPE）以及PPEFF体系。

预制结构抗震体系（PRESSS）是一种将预制梁和预制柱现场吊装到位后，用后张拉预应力钢筋穿过梁柱预留孔道后进行张拉的预应力技术，预应力对节点施加预压力，改善了装配式节点整体性能较差的缺点，降低了装配难度。如图1-11所示，预应力的存在使得节点在水平荷载作用下产生开合后，能够恢复到初始状态。节点通过开合耗散能量。该体系可有效提高装配式结构节点的延性性能。在静载作用下，预应力的应用验证了节点具有足够的强度和刚度，易于安装，充分显示了预应力的优势，减小梁高的同时还能实现大跨的需求。在风荷载和小地震作用下，预应力的采用可显著

图1-11 装配式预应力预制框架节点示意图

提高构件的开裂弯矩，保证正常使用。在较大的地震作用下，利用可控梁柱临界面转动铰机制取代传统塑性铰机制，保证了结构的安全。针对节点内部耗能钢筋在震后无法修复的问题，Satnton[24]提出外置耗能器代替内置耗能钢筋，从而实现震后的可修复。为解决混合连接框架节点耗能能力较小的问题，刘彬[25]等在原有模型的基础上，在预制梁内部截面上下端设置耗能钢筋以提高耗能能力，并在梁端表面设置角钢来保护混凝土不被压碎，如图1-12所示。试验表明：改进之后的连接形式具有良好的变形能力，有利于通过整体转动来耗能，角钢的设置对梁端混凝土能够起到保护作用，保证梁端混凝土受压区不被破坏，同时耗能钢筋应力增大，通过梁柱开合以及耗能器变形可有效耗散地震能量。

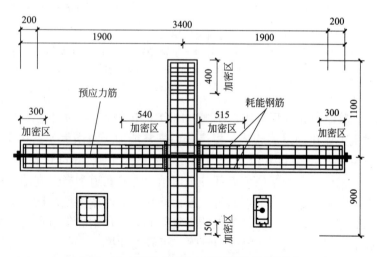

图1-12 装配式预应力预制框架节点详图

自复位消能框架结构，其连接节点（图1-13）基于Precast Seismic Structural System Program计划提出的无粘结后张装配式混凝土结构体系相应节点进行改进，梁柱滞回曲线呈双旗帜形，兼具自复位和耗能性能。通过拟静力试验验证，该类型节点刚度大、承载力高、变形能力和耗能能力均优于现浇节点。美国、新西兰等国家均对此类型节点进行了系

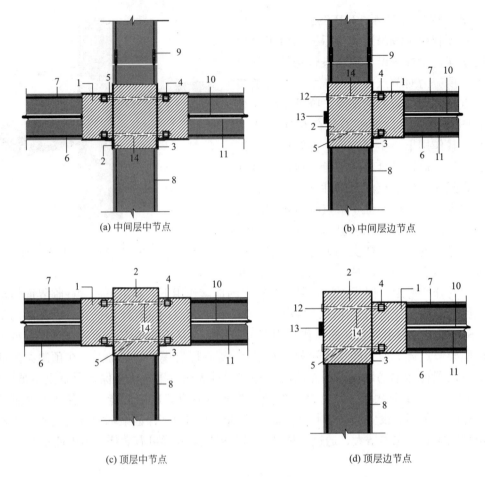

(a) 中间层中节点   (b) 中间层边节点

(c) 顶层中节点   (d) 顶层边节点

图 1-13　梁柱自复位消能连接节点形式

1—梁钢套；2—柱钢套；3—抗剪角钢；4—焊接锚板；5—可更换无粘结耗能钢棒；
6—梁下部钢筋；7—梁上部钢筋；8—柱纵筋；9—灌浆套筒；10—无粘结预应力钢绞线；
11—预埋钢绞线套管；12—焊接锚板；13—预应力锚具；14—预埋耗能钢棒套管

统的理论分析、试验研究和工程应用。中国也出台了相关规范和设计指南[26]。

　　为了顺应建筑工业化的发展趋势，提高震后恢复能力。东南大学蔡小宁[27]提出了一种基于顶底角钢耗能的新型自复位预应力预制装配框架节点（PTED节点，图1-14）。其中，梁柱均预制，梁柱节点和梁中节点部分预留预应力筋孔道和高强度螺栓孔道，预应力筋在孔道之内不做灌浆处理。该节点通过预应力筋和高强度摩擦型螺栓将梁柱和顶底角钢连接在一起形成节点。预应力筋提供节点的自复位能力，角钢提供节点的耗能能力，使得节点残余变形远小于现浇节点，耗能能力增强，可修复性提升。

　　在侧向荷载作用下，由于梁端缝隙的张开（图1-15），预应力筋合力增大，梁端角部产生较大的压应力，需在梁端附近采用约束混凝土。在预制梁构件中预埋角钢。采用高强度摩擦型螺栓连接角钢与梁、柱构件，为防止张拉螺栓引起混凝土柱的局部压碎，在耗能角钢与柱构件间设置垫板。梁端一定长度内设置了致密的焊接钢筋网片，可以有效约束受压区混凝土，从而提高梁柱连接处的屈服强度和转角延性。

　　留孔式后张框架节点是梁中和梁柱节点部分预留孔道，后张拉预应力筋穿孔之后将梁

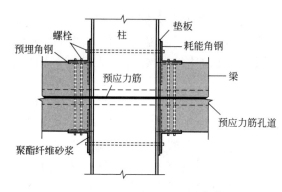

图 1-14　PTED 节点详图[27]

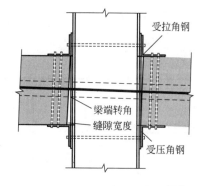

图 1-15　PTED 节点变形图[27]

柱连接在一起形成框架（图1-16），再进行孔道注浆。预应力筋分为两种：第一种是曲线和直线预应力筋，主要承担跨中弯矩作用；第二种是直线预应力筋，主要承担拼装构件和承受弯矩的作用。当跨度较小时，第二种直线预应力筋可以通长布置；跨度较大时，上部预应力筋可以在跨中断开再锚固。该结构形式抗震性能优秀[28]。韩建强[29]等在梁柱预留孔中安装钢绞线，并用高强灌浆料灌注接缝，分别在梁柱节点处安装角钢和阻尼器（图1-17）。安装角钢的构件，接缝处出现宽裂缝，角钢处混凝土被压坏。安装阻尼器的构件，梁端混凝土被压碎，卸载之后裂缝闭合。安装角钢和阻尼器对干燥混凝土构件具有良好的适用性。

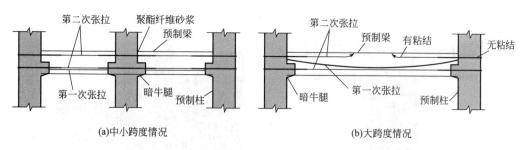

(a)中小跨度情况　　　　　　　　　　　　　　(b)大跨度情况

图 1-16　后张拉预应力框架结构示意图

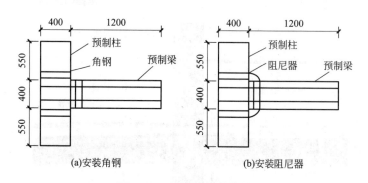

(a)安装角钢　　　　　　　　　　　　(b)安装阻尼器

图 1-17　预应力梁柱构件

　　世构体系（SCOPE）是法国的一种预应力混凝土装配整体式框架结构体系，采用了先张拉预应力技术，是由预制预应力叠合板、预制叠合板和预制柱组成，辅以整浇节点形

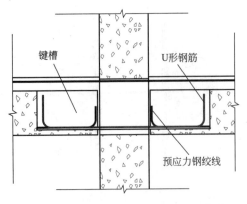

图 1-18　世构体系节点构造示意图[30]

成的一次受力叠合框架结构。一般在预制厂生产预制柱、预应力梁等构件，然后在现场拼装，进行梁端键槽、梁叠合层及相关节点的浇筑以形成整体。

世构体系的最大特殊性是它独有的节点构造方式，节点由键槽、U形钢筋、现浇混凝土这三个主要部分组成，梁下端的纵筋（预应力钢绞线）在键槽处（梁端塑性铰区）进行搭接连接，节点构造形式如图1-18所示。该体系除了具有一般预制结构的优点外，由于采用了先张拉预应力施工技术，减小了截面面积，自重较

小，用钢量较低，且节点的施工简单方便[30]。

PPEFF体系是我国较为先进的快速装配式框架体系，是新一代非等同现浇"干式连接"装配体系，也是具有类似钢框架快速装配特点的新型后张拉局部有粘结预应力装配式混凝土框架体系。结构典型节点示意图如图1-19所示。在生产制造方式上，梁、板、柱等预制构件均为不出筋构造，采用工厂预制，加工便捷简易，现场从工艺到控制等环节各种支撑结构和湿作业大量减少，对模板加工减少了多项控制精度需求，拼装简单，不仅极大地降低了人工成本和模具制造成本，降低建筑能耗、减少建筑垃圾，更能有效地保证建筑质量、提高建造速度。

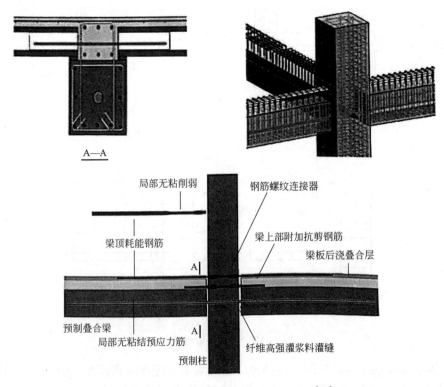

图 1-19　PPEFF 典型梁柱节点示意图[31]

1.3.3 其他装配式结构体系

（1）框架-摇摆墙结构

美国PRESSS项目提出了预应力框架和无粘结后张拉摇摆墙联合使用的装配式框架-摇摆墙结构体系[32]（图1-20），通过1999年在加利福尼亚大学的60%缩尺五层预应力建筑模型的抗震试验验证了该体系的可行性。试验表明该体系耗能能力较强，具有较好的延性，当结构承受超过规范要求的2倍地震位移时，仍然具有较高的承载能力。

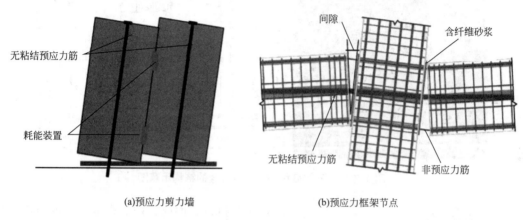

(a)预应力剪力墙   (b)预应力框架节点

图1-20 混凝土框架-摇摆墙体系[32]

（2）框架-核心筒结构

框架-核心筒结构就是由中间的核心筒剪力墙与布置在四周的钢框架组成的混合体系，核心筒作为主要的承重构件，其抗侧刚度极大，可同时承受竖向荷载和水平荷载作用，四周由巨型柱和巨型支撑组成的框架体系空间很大，建筑立面灵活多变，是超高层建筑普遍采用的一种结构形式。

工程实例：于2017年建成的杨浦96街坊商业办公楼项目，是上海市第一个装配整体式框架-核心筒结构的高层办公楼建筑，采用14个框架柱与内部的规则布置剪力墙核心筒组成抗侧力体系。该建筑地上18层，其中4~18层为装配楼层，预制构件为框架柱、叠合梁、叠合板、楼梯段及外挑板，最终预制率达到38%。施工中运用了BIM技术模拟复杂节点的连接过程，大大降低了施工难度，如图1-21所示。

（3）"SI"体系

骨架支撑体理论（SAR）是工业化住宅的第一理论基础，20世纪60年代由荷兰的Habraken[33]提出并进一步发展为开放建筑理论体系。SI（Skeleton-infill）住宅体系就是基于开放建筑的思想，其设计理念是"把住宅的承重部分（S）与填充部分（I）分离开来，通过对S部分的加固，来达到百年住宅的目标，通过对I部分的变化，来满足未来不同居住方式对建筑空间更新的需求"。其中，S为主体承重结构，包括梁、柱、板和剪力墙，是具有超长的耐久性的支撑体。I为填充体，包括隔板、内外装饰、设备管线等，具有灵活性和适应性，其结构如图1-22所示。

这种主次分离的新型建筑工业化理念得到社会各界的广泛认可。日本在此基础上研发了KSI住宅工业化体系，"S"为住宅的结构部分，"I"为住宅中的填充体，"K"为日本都

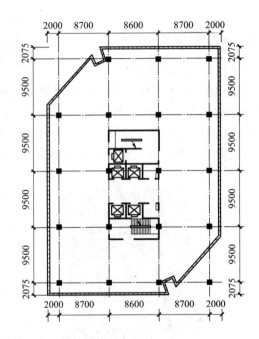

图1-21 杨浦96街坊商业办公楼的结构示意图

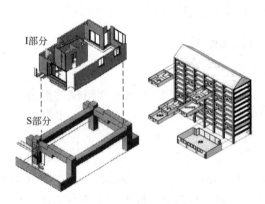

图1-22 "SI"住宅结构原理图

市再生机构，形成所谓的都市再生机构开发的SI住宅，并得到了广泛应用，尤其是高层住宅基本都采用了KSI体系来进行建造。时任日本自民党政务调查会住宅土地调查会会长的福田康夫在2007年又提出"200年长寿住宅"的构想[34]，进一步促进对KSI技术的研究。近年来，我国引进KSI技术并有所发展。SI住宅体系不仅工业化程度高，实现了低碳环保的绿色可持续发展理念，还有效提高了住宅质量，相信这必然对21世纪的建筑工业化发展产生深远的影响。

（4）盒子结构体系

盒子结构是建筑工业化的产物，其核心理念是"标准化的装配式空间模块"，指在工厂中把墙体和楼板组成箱形整体，并同时完成装饰及内部所有设备的安装，然后运输到施工现场进行组装的建筑体系。其主要特点有施工速度快、抗震性能好、建筑造价低、使用面积大、一步达到粗装修水平、建筑节能效果明显、可拆迁搬家、工程质量容易控制、文明施工少扰民等。盒子结构主要分为有骨和无骨形式，如图1-23（a）、（b）所示，盒子结构的组装方式如图1-23（c）所示。

盒子结构体系的建筑实例如图1-24（a）（b）所示，从图中可以看出盒子结构的典型样式，其机械化、装配化程度很高，不仅可以节约材料和劳动力，减轻了自重，同时工期也将大大缩短，体现了建筑工业化的特点，并且由于每个盒子都是一个整体，易于安装耗能及隔震装置，因而表现出良好的抗震性能。缺点就是箱形盒子单元的运输不是很便利，

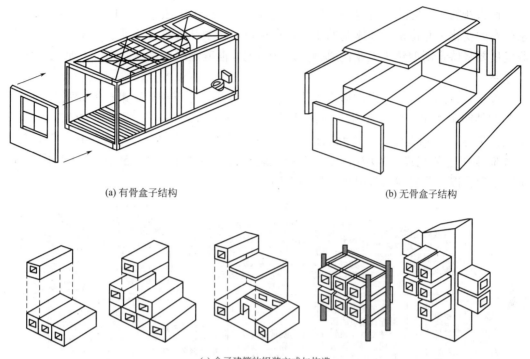

(a) 有骨盒子结构　　　　　　　　　　　　(b) 无骨盒子结构

(c) 盒子建筑的组装方式与构造

图 1-23　盒子结构形式与组装

安装需要大型设备，建造盒子构件的工厂投资太大，建筑的单方造价也较高，其运输方式如图 1-24（c）所示。

(a) 日本中银舱体　　　　　(b) 加拿大 Habitat'67

　　　　　　　　　　　　(c) 盒子结构运输

图 1-24　盒子建筑的应用与运输

1.4　装配式建筑政策与未来发展展望

新型建筑工业化是结合了现代科学技术和企业现代化管理而产生的一种新型的生产方

式，作为新的生产方式，这也将产生新的设计标准、施工工法、质量检测、工程管理等一系列新的变化，并带来管理体制的变革。在制造业转型升级的大背景下，我国未来的建筑业发展要坚持走新型建筑工业化道路，发展装配式混凝土结构是新型建筑工业化道路的必经之路。

近年来，国务院、住房和城乡建设部出台的装配式建筑相关政策解读如图1-25所示。相关文件明确指出：到2020年，全国装配式建筑占新建筑的比例要达到15%以上，其中重点推进地区达到20%以上（北京市达到30%以上），建设30个以上建筑科技创新基地，培育50个以上装配式示范城市、200个以上装配式建筑产业基地、500个以上装配式建筑示范工程，以充分发挥示范引领和带动作用。

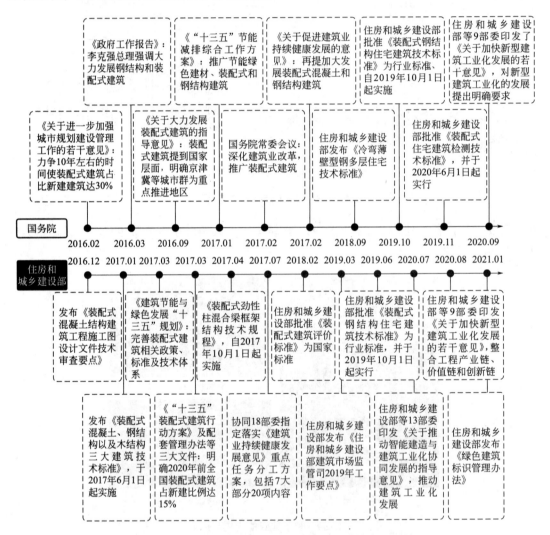

图1-25　近年来国家关于装配式建筑的政策发展图解

在地方层面上，北京、上海、深圳、安徽、河北等各个省市地区纷纷出台装配式建筑的规范和条文，积极配合中央的决策。我国所颁布的装配式规范如下：

1991年，中国建筑科学研究院联合中国建筑技术发展研究中心编制了《装配式大板居住建筑结构设计与施工规程》JGJ1—1991[35]。

2009年，深圳市编制了《预制装配整体式钢筋混凝土结构技术规范》SJG18—2009[36]。

2010年，相关地方规范：《预制预应力混凝土装配整体式框架结构技术规程》JGJ224—2010[37]；《整体预应力装配式板柱结构技术规程》CECS 52—2010[38]；上海市编制了《装配整体式住宅混凝土构件制作、施工及质量验收规程》DG/TJ 08—2069—2010[39]和《装配整体式混凝土住宅体系设计规程》DG/TJ 08—2071—2010[40]；江苏省编制了《预制装配整体式剪力墙结构体系技术规程》DGJ32/TJ 125—2010[41]。

2013年，北京市编制了《装配式混凝土结构工程施工与质量验收规程》DB11/T 1030—2013[42]；上海市编制了《装配整体式混凝土住宅构造节点图集》DBJT 08—116—2013[43]。

2014年4月，中华人民共和国住房和城乡建设部批准《装配式混凝土结构技术规程》DG/TT—2014[9]为我国行业标准，于2014年10月1日开始实施。这一标准的实施，有助于健全我国适用的装配式结构体系。随着我国住宅产业化政策的大力推动，国内其他各省也都逐渐兴起了装配式混凝土建筑，走出了传统单一的建筑模式。同年，上海市编制了《装配整体式混凝土公共建筑设计规程》DGJ 08—2154—2014[44]。

2015年，上海市编制预制外墙板规范《预制混凝土夹心保温外墙板应用技术规程》DG/TJ 08—2158—2015[45]。

2015年，中华人民共和国住房和城乡建设部批准《预制混凝土剪力墙外墙板》15G365—1、《预制混凝土剪力墙内墙板》15G 365—2、《桁架钢筋混凝土叠合板（60mm厚底板）》15G366—1、《预制钢筋混凝土板式楼梯》15G367—1、《预制钢筋混凝土阳台板、空调板及女儿墙》15G368—1、《装配式混凝土结构住宅建筑设计示例（剪力墙结构）》15J939—1、《装配式混凝土结构表示方法及示例（剪力墙结构）》15G107—1、《装配式混凝土结构连接节点构造》15G310—1 ~ 2为国家建筑设计标准，于2015年3月1日开始实施。

2017年，中华人民共和国住房和城乡建设部批准《装配式混凝土建筑技术标准》GB/T 51231—2016[46]为我国国家标准，于2017年6月1日开始实施。这一标准的实施，有助于健全我国装配式混凝土建筑的设计标准。

2019年，中国工程建设标准化协会批准《装配式多层混凝土结构技术规程》T/CECS 604—2019[47]为我国行业规程，于2020年1月1日开始实施。这一规程的实施，提出了适用于我国多层装配式混凝土结构的新体系、新技术，促进多层装配式混凝土结构的广泛应用，改变了装配式混凝土建筑缺少对于低、多层结构的具体设计要求、构造要求、施工工艺及工程施工验收指标和方法等相关内容方面的困局，推进装配式建筑产业在我国深入发展。

2020年7月3日，住房和城乡建设部等13部委联合印发了《关于推动智能建造与建筑工业化协同发展的指导意见》，为推进建筑工业化、数字化、智能化升级，加快建造方式转变，推动建筑业高质量发展，制定本指导意见。发展目标为到2025年，我国智能建造与建筑工业化协同发展的政策体系和产业体系基本建立，建筑工业化、数字化、智能化水平显著提高。

2020年8月28日，住房和城乡建设部等9部委联合印发了《关于加快新型建筑工业化发展的若干意见》，新型建筑工业化是通过新一代信息技术驱动，整合工程全产业链、价值链和创新链，实现工程建设高效益、高质量、低消耗、低排放的建筑工业化。目标为建造水平和建筑品质明显提高。

此外，科技部还在"十三五""十四五"重大专项课题研究中广泛组织行业人员进行建筑工业化科研课题攻关，对基础理论、顶层设计、产业链整合和技术评估等多方面进行深入研究。自2016年以来，全行业发展装配式建筑的激情已全面点燃，相信在不远的将来，装配式建筑在设计方法、全产业链统筹、生产自动化及智能化、现场装配工法及工艺上都会有较大突破，并从技术体系与管理水平上有力助推装配式建筑的产业化发展。

装配式混凝土结构是建筑工业化发展的必然产物。目前，我国在装配式混凝土结构中仍存在质量水平较低、造价成本较高、设计理念不够完善等问题，但随着装配式混凝土结构受到政府的大力支持，创新型技术研究的力度逐渐加大，我国装配式混凝土建筑的整体质量将得到有效改善，从而推动现代化城市的前进脚步，为建筑领域带来新的发展方向。

近十多年来在装配式结构设计、施工、产品等各领域专家和专业技术人员的共同努力下，国内装配式建筑技术体系不断发展，装配整体式混凝土结构技术逐渐成熟，相配套的装配式结构设计、施工技术标准及关键技术产品等已在大量工程中进行了应用，同时也应认识到：①目前，装配整体式结构体系存在构件生产和施工安装效率不高等问题，需要持续改进和优化，真正做到装配式结构的高效施工、高质量建造；②目前，国内多层混凝土结构领域相关的标准、技术资料及施工经验等相对较少，尚未有成熟可大面积推广实施的结构体系，限制了装配式混凝土结构在多层混凝土结构的应用，亟需开展相应的研究工作。

第2章　装配式混凝土结构设计

2.1　材料性能

混凝土、钢筋、钢材和连接材料的性能要求应符合国家现行标准《混凝土结构设计规范》GB 50010—2010[48]、《钢结构设计标准》GB 50017—2017[49] 和《装配式混凝土结构技术规程》JGJ 1—2014[9] 等有关规定。

2.1.1　混凝土

装配式结构混凝土一般采用高强度、高性能等水泥基普通混凝土。对于预应力结构构件优先选用具备高强度、小变形（包括收缩和徐变小）及耐久性优良等特性的混凝土。

预制构件的混凝土强度等级不宜低于C30；预应力混凝土预制构件的混凝土强度等级不宜低于C40，且不宜低于C30；钢筋混凝土结构的混凝土强度等级不应低于C20；采用强度等级400MPa及以上的钢筋时，混凝土强度等级不应低于C25。混凝土的力学性能指标和耐久性能要求应符合现行国家标准《混凝土结构设计规范》GB 50010—2010[48] 的规定。

2.1.2　钢筋

钢筋是指应用在钢筋混凝土结构和预应力钢筋混凝土结构中的钢材，常用的主要有热轧碳素钢和普通低合金钢两种。普通钢筋采用套筒灌浆连接和浆锚搭接连接时，应采用热轧带肋钢筋。

对于预应力混凝土结构，参考《预应力混凝土结构设计规范》JGJ 369—2016[50]，构件中预应力钢筋宜采用预应力钢丝、钢绞线和预应力螺纹钢筋，也可采用纤维增强复合材料预应力筋。钢筋强度标准值（屈服强度、极限强度、抗拉强度及抗压强度），应符合现行国家标准《混凝土结构设计规范》GB 50010—2010[48] 的有关规定。

目前预应力结构中较为常用的钢绞线，根据需要可以有多种形式，如镀锌钢绞线、填充行环氧涂层钢绞线、单丝涂覆环氧涂层预应力钢绞线、缓粘结预应力钢绞线、无粘结预应力钢绞线，其相关规格以及性能分别应符合现行国家标准或行业标准：《高强度低松弛预应力热镀锌钢绞线》YB/T 152—1999[51]、《环氧涂层预应力钢绞线》JG/T 387—2012[52]、《单丝涂覆环氧涂层预应力钢绞线》GB/T 25823—2010[53]、《缓粘结预应力钢绞线》JG/T 369—2012[54]、《无粘结预应力钢绞线》JG/T 161—2016[55]。

2.1.3 连接材料

（1）钢筋套筒灌浆连接接头的套筒及灌浆料

钢筋套筒灌浆连接接头由钢筋、灌浆套筒和灌浆料三种材料组成。其中，灌浆套筒分为半灌浆套筒和全灌浆套筒，灌浆套筒按加工方式分为铸造和机械加工灌浆套筒，铸造灌浆套筒宜选用球墨铸铁，机械加工套筒宜选用优质碳素结构钢、低合金高强度结构钢、合金结构钢或其他经过接头型式检验确定符合要求的钢材。

钢筋套筒灌浆连接接头采用的套筒应符合现行行业标准《钢筋连接用灌浆套筒》JG/T 398—2019[56]的规定；钢筋套筒灌浆连接接头采用的灌浆料应符合现行行业标准《钢筋连接用套筒灌浆料》JG/T 408—2019[57]的规定。此外，根据《钢筋套筒灌浆连接应用技术规程》JGJ 355—2015[58]的规定，套筒灌浆连接接头应满足强度和变形要求，要求连接接头的抗拉强度不应小于连接钢筋抗拉强度标准值，且破坏时应断于接头外钢筋。

（2）钢筋浆锚搭接接头的水泥基灌浆料

钢筋浆锚连接是将预制构件表面外伸出一定长度的不连续钢筋插入所连接的预制构件对应位置的预留孔道内，钢筋与孔道内壁之间填充无收缩、高强度灌浆料，形成钢筋浆锚连接。目前，国内普遍采用的连接构造包括约束浆锚连接和金属波纹管浆锚连接。

约束浆锚连接是在接头范围预埋螺旋箍筋，并与构件钢筋同时预埋在模板内，通过抽芯制成带肋孔道，并通过预埋PVC软管制成灌浆孔与排气孔用于后续灌浆作业，待不连续钢筋伸入孔道后，从灌浆孔压力灌注无收缩、高强度水泥基灌浆料，从而将不连续钢筋通过灌浆料、混凝土与预埋钢筋形成搭接连接接头。

金属波纹管浆锚搭接连接采用预埋金属波纹管成孔，在预制构件模板内，波纹管与构件预埋钢筋紧贴，并通过扎丝绑扎固定，波纹管在高处向模板外弯折至构件表面，作为后续灌浆料灌注口，待不连续钢筋伸入波纹管后，从灌注口向管内灌注无收缩、高强度水泥基灌浆料；不连续钢筋通过灌浆料、金属波纹管及混凝土，与预埋钢筋形成搭接连接接头。钢筋浆锚搭接连接的金属波纹管应符合现行行业标准《预应力混凝土用金属波纹管》JG/T 225—2020[59]的有关规定。

钢筋浆锚连接中，水泥基灌浆料的材料性能好坏直接影响连接接头的强度和抵抗变形的能力，因此根据《装配式混凝土结构技术规程》JGJ 1—2014[9]的要求，用于浆锚连接的水泥基灌浆材料的性能（泌水率、流动度、竖向膨胀度、抗压强度及氯离子含量）应满足表2-1的要求。

钢筋浆锚搭接连接接头用灌浆料性能要求   表2-1

项目		性能指标	试验方法标准
泌水率		0	《普通混凝土拌合物性能试验方法标准》GB/T 50080—2016[60]
流动度（mm）	初始值	≥200	《水泥基灌浆材料应用技术规范》GB/T 50448—2015[61]
	30min保留值	>150	
竖向膨胀度（%）	3h	≥0.02	《水泥基灌浆材料应用技术规范》GB/T 50448—2015[61]
	24h与3h的膨胀率之差	0.02～0.5	

续表

项目		性能指标	试验方法标准
抗压强度（MPa）	1d	≥ 35	《水泥基灌浆材料应用技术规范》GB/T 50448—2015[61]
	3d	≥ 55	
	28d	≥ 80	
氯离子含量（%）		≤ 0.06	《混凝土外加剂匀质性试验方法》GB/T 8077—2012[62]

（3）钢筋锚固板材料、受力预埋件的锚板及锚筋材料

钢筋锚固板材料、受力预埋件的锚板及锚筋材料应符合现行国家标准《混凝土结构设计规范》GB/T 50010—2010[48]的有关规定；专业预埋件及连接件材料应符合国家现行有关标准的规定。

（4）预应力锚具

根据《预应力混凝土结构设计规范》JGJ 369—2016[50]的规定，预应力结构设计中，应根据工程环境条件、结构特点、预应力筋品种和张拉施工方法，选择适合的锚具和连接器。

金属预应力筋用锚具和连接器的性能应符合国家现行标准《预应力筋用锚具、夹具和连接器》GB/T 14370—2015[63]、《预应力筋用锚具、夹具和连接器应用技术规程》JGJ 85—2010[64]和《无粘结预应力混凝土结构技术规程》JGJ 92—2016[65]的规定。常用金属预应力筋的锚具可按表2-2选用。当使用纤维增强复合材料预应力筋时，应与其配套的锚具共同使用；与其他锚具配套使用时，应根据现行行业标准《预应力筋用锚具、夹具和连接器应用技术规程》JGJ 85—2010[64]进行试验验证。

锚具选用　　　　　　　　　　表 2-2

预应力筋品种	张拉端	固定端	
		安装在结构之外	安装在结构之内
钢绞线	夹片锚具	夹片锚具、挤压锚具	挤压锚具
单根钢丝	夹片锚具	夹片锚具	墩头锚具
钢丝束	墩头锚具冷（热）铸锚	冷（热）铸锚	墩头锚具
预应力螺纹钢筋	螺母锚具	螺母锚具	螺母锚具

2.2　装配式建筑设计

装配式建筑设计应符合建筑功能和性能要求，并应与模数协调，采用模块组合的标准化设计，将结构系统、外围护系统、设备与管线系统和内装系统进行集成，需结合建筑、结构、给水排水、暖通空调、电气、智能化和燃气等各专业进行协同设计。

目前，装配式建筑设计可参考的相关国家标准有《装配式混凝土建筑技术标准》GB/T 51231—2016[46]、《装配式混凝土结构技术规程》JGJ 1—2014[9]，以及行业规程《装配式

多层混凝土结构技术规程》T/CECS 604—2019[66]等，在设计时应以相关规范为依据进行建筑设计。此外，装配式建筑还应同传统建筑一样，满足防火、防水、保温、隔热及隔声等建筑要求，具体设计应满足相对应的现行国家行业标准的有关规定。

2.2.1 设计流程

目前，装配式建筑处于蓬勃发展阶段，政府出台的相关政策文件也在号召大力发展装配式建筑，尽管如此，装配式建筑的市场推广较传统现浇结构仍有待完善提高。

装配式项目立项后，先要由建筑、结构、给水排水、暖通空调、电气、智能化和燃气等各专业之间协同设计，将建筑方案、外围护方案、内装方案及设备管线方案反馈给结构工程师，综合各方设计后确定结构方案，后续进行整体结构分析以及装配式构件深化设计，最后付诸施工建设。具体设计流程如图2-1所示。

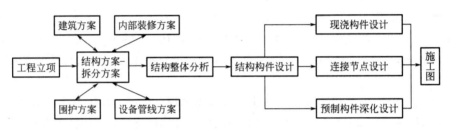

图 2-1 设计流程图

2.2.2 建筑风格

随着时代的发展，人们对于建筑的需求不再仅限于满足居住需求，更多地关注建筑的功能多样化，追求更美观的建筑外形。日本是目前世界上装配式建筑比例最大、高层装配式建筑最多的国家之一，其多采用简洁的建筑风格，而一些复杂的建筑风格更能吸引人们的眼球。对装配式建筑而言，选择简洁、明朗、大方的建筑风格亦或是复杂的建筑风格，是设计师应当着重考虑的因素。

2.2.3 装配式建筑模数化

1. 模数的基本概念

（1）基本模数。建筑模数协调标准中的基本数值，用M表示，1M=100mm。主要是应用于建筑物的整体尺寸，如建筑高度、层高和门窗洞口等。

（2）导出模数（扩大模数）。扩大模数是导出模数的一种，是基本模数的倍数。扩大方式包括：2M（200mm）、3M（300mm）、6M（600mm）、9M（900mm）等，其主要的应用是开间或者柱距、进深等。

（3）导出模数（分模数）。分模数是导出模数的一种，是基本模数的分倍数。主要包括：M/10（10mm）、M/5（20mm）、M/2（50mm）等，主要应用于构造节点和部件的接口尺寸等。

对于装配式混凝土结构中的预制构件，还有以下四种尺寸的概念：

（1）标志尺寸。符合模数的规定，用来标注建筑物的定位线或基准面之间的垂直距离以及建筑部件、有关设备安装基准之间的尺寸。

（2）制作尺寸。制作部件所依据的设计尺寸。

（3）实际尺寸。部件生产制作后的实际测得的尺寸。

（4）技术尺寸。模数尺寸条件下，非模数尺寸或生产过程中出现误差所需要的技术处理尺寸。

2. 装配式建筑模数化设计的意义

模数化设计是为了实现建筑设计、制造、施工安装等相互协调，通过对建筑构件的尺寸进行分割，确定各部位的尺寸和边界条件，协调建筑部件与功能空间之间的尺寸关系。目前，模数化方面的国家标准是《建筑模数协调标准》GB/T 50002—2013[67]。模数化设计是建筑构件实现工业化、机械化生产的前提，同时也是降低成本的手段，长远来看，模数化设计对于装配式建筑的健康发展有着至关重要的作用。通过优化标准部件种类，减少制作部件的模具的数量，降低成本，从而使装配式建筑的装配率提高，总体制造成本下降。

2.2.4　平面设计

建筑平面主要由三部分组成：建筑使用部分（主要使用房间和辅助使用房间）、交通联系部分（走道、楼梯、电梯）和结构构件（墙体、柱子）所占用的面积。建筑平面反映了建筑功能的关系，是建筑设计中重要的一步。

对于装配式混凝土建筑而言，开间、进深、层高、洞口等尺寸应优先根据建筑类型、使用功能、部品部件生产与装配要求等确定。《装配式混凝土结构技术规程》JGJ 1—2014[9]中对平面布置的规定如下：

（1）建筑宜选用大开间、大进深的平面布置，布置平面应规则，具体平面布置规定见2.3.2小节中的结构平面布置。

（2）承重墙、柱等竖向构件宜上、下连续，应避免抗侧力结构的侧向刚度和承载力沿竖向突变，并应符合现行国家标准《建筑抗震设计规范》GB 50011—2010[68]的有关规定。

（3）门窗洞口宜上下对齐，成列布置，其平面位置和尺寸应满足结构受力及预制构件设计要求；剪力墙结构中不宜采用转角窗。

（4）厨房和卫生间的平面布置应合理，其平面尺寸宜满足标准化整体橱柜及整体淋浴的要求。

2.2.5　立面外围护设计

外围护系统是由屋面、外墙、门窗等组成，通过屋面、外墙等围护模块围护成内部空间，遮蔽外界恶劣气候，同时起到隔声的作用，从而保证建筑使用的安全性和私密性。外围护系统的设计应采用标准化集成设计，并应根据装配式混凝土建筑所在地区的气候条件、使用功能等综合确定抗风、抗震、耐撞击、防火、水密、气密、隔声、热工和耐久等性能要求。此外，屋面系统尚应满足结构性能要求。

对于围护外墙，其立面设计是十分重要的，不仅影响着建筑的整体美观，还影响着使用过程中防水、保温、防火及隔声等的性能。外立面设计应满足建筑外立面多样化和经济美观的要求，宜通过建筑体量、材质肌理、色彩等变化，形成丰富多样的立面效果。

1. 外墙

外墙系统应根据不同的建筑类型及结构形式选择适宜的系统类型。对于装配式梁、柱体系，如框架结构、框架剪力墙结构等，其外墙板的选择很多，既可以选择预制外墙板，也可以选择幕墙等；而对于剪力墙体系，其外墙板多为结构墙体，所以在外墙板选择上就要受到很多的限制，发挥空间远没有梁–柱体系灵活，宜做成建筑、结构、围护、保温、装饰的一体化墙板。

通常，外墙板采用内嵌式、外挂式、嵌挂结合式等形式，分层悬挂或承托。饰面可采用耐久、不易污染的材料，包括清水混凝土、装饰混凝土、免抹灰涂料和反打面砖等耐久性强的建筑材料。采用反打一次成型的外墙饰面材料，其规格尺寸、材质类别、连接构造等还应进行工艺试验验证。

根据《装配式混凝土建筑技术标准》GB/T 51231—2016[46]的规定，中外墙板与主体结构的连接应符合：①连接节点在保证主体结构整体受力的前提下，应牢固可靠、受力明确、传力简捷、构造合理。②连接节点应具有足够的承载力。构件达到承载能力极限状态前，连接节点不应发生破坏；当单个连接节点失效时，外墙板不应掉落。③连接部位应采用柔性连接方式，连接节点应具有适应主体结构变形的能力。④节点设计应便于工厂加工、现场安装就位和调整。⑤连接件的耐久性应满足使用年限要求。

外墙系统可选用预制外墙、现场组装骨架外墙、建筑幕墙等类型，目前，预制外墙板是装配式建筑设计的主流选择。预制混凝土外墙板的材料应符合现行行业标准《装配式混凝土结构技术规程》JGJ 1—2014[9]的规定；预制混凝土外墙板的连接缝应满足保温、防火、隔声的要求。预制外墙板的接缝及门窗洞口等防水薄弱部位宜采用材料防水和构造防水相结合的做法，并应符合下列规定：墙板水平接缝宜采用高低缝或企口构造；墙板竖缝可采用平口或槽口构造；当板缝空腔需设置导水管排水时，板缝内侧应增设密封条密封构造。

目前，工程中常用的预制混凝土外墙板如下所示。

（1）三明治夹心保温外墙

三明治夹心保温外墙板也叫结构装饰保温一体化外墙板，由外叶墙板、保温板和内叶墙板（承重墙板）三层组成。其中，外叶墙起装饰和保护作用，可做成涂料、清水、贴砖、石材等多种饰面效果；保温层受内外层混凝土防护，提升保温节能效果、延长保温寿命，同时也解决了保温材料的防火问题；内叶墙是结构抗震受力层，采用钢筋混凝土材料。构件整体性较好，节能更高效，现场施工方便，并且外墙顶部及底部可在外叶部分设置构造企口，加设防水措施。具体构造如图2-2所示。

（2）内浇外挂外墙板

内浇外挂外墙板的竖向承重构件采用现浇的方式，外挂墙板充当外模板，无需搭设外架，仅需内侧设置模板。预制外挂墙板附着在内部现浇剪力墙外侧，外墙总厚度增加，外围护墙处外挂板室内不平齐。保温材料在工厂整体预制，提高保温效果，同时拼缝处内侧为现浇墙体，结合本身墙体企口构造措施，防水效果显著。做法如图2-3所示。

（3）叠合剪力墙

叠合剪力墙由预制部分和现浇部分共同组成，是一种半预制半现浇混凝土结构，兼具预制构件质量有保证和现浇连接整体性好的特点，是适合住宅产业化的一种结构形式。具

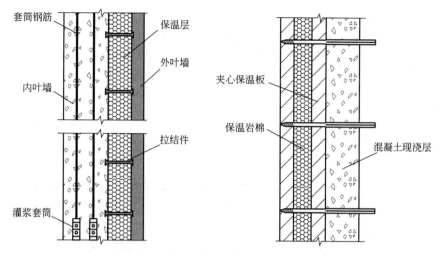

图 2-2 三明治夹心保温外墙板   图 2-3 内浇外挂外墙板

有单面及双面叠合剪力墙两种形式,单面主要用于外墙,双面可用于内墙或者外墙。如图 2-4 所示。

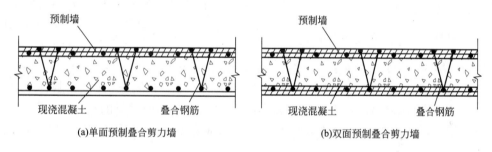

(a)单面预制叠合剪力墙   (b)双面预制叠合剪力墙

图 2-4 叠合剪力墙

(4)装饰一体化外墙

装饰一体化外墙是指采用特殊工艺方法制成的自带装饰效果的预制外墙,以装饰材料与预制外墙一起整体浇筑成型为主,其主要特点是将建筑外饰面工序进行工业化生产,实现"绿色施工""节能环保""经济耐用"的目标。这类剪力墙由于装饰材料是一起预制的,在施工过程中要注意装饰材料的保护;在混凝土浇筑时要注意外饰面的保护工作,进行成品保护,减少后期清理工作。装饰一体化墙体广泛运用于行政办公、科研文教、医疗、商品住宅等建筑项目。如图 2-5 所示。

2. 屋面系统

屋面应根据现行国家标准《屋面工程技术规范》GB 50345—2012[69] 中规定的屋面防水等级进行防水设防,并应具有良好的排水功能,宜设置有组织排水系统。

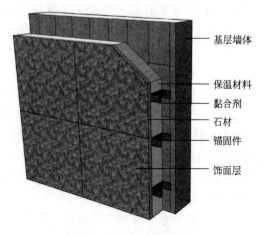

图 2-5 装饰一体化墙体

太阳能系统应与屋面进行一体化设计，电气性能应满足国家现行标准《民用建筑太阳能热水系统应用技术标准》GB 50364—2018[70]、《建筑光伏系统应用技术标准》GB/T 51368—2019[71]的相关规定。采光顶与金属屋面的设计应符合现行行业标准《采光顶与金属屋面技术规程》JGJ 255—2012[72]的相关规定。

对装配式建筑而言，屋面系统同外围护墙体一样，承担着防水、保温、防风等重要的功能，屋面系统的好坏直接影响装配式建筑的工程质量。为了更好地保证装配式建筑的工程质量，东方雨虹研发了一种宜顶工业化装配式屋面系统（EDEE）[73]，通过雄安新区的雄安设计中心工程中的应用来介绍这种体系。该屋顶工业化装配式屋面系统根据屋面功能需求，设计包含了六大子系统：基体防水保障系统、层间排水系统、保温系统、衬垫防水系统、滞水型雨水收集压铺系统、保护/景观压铺系统。相较于传统屋面做法，其材料和构配件均采用工业化生产，100%装配式施工，具体做法如图2-6所示。

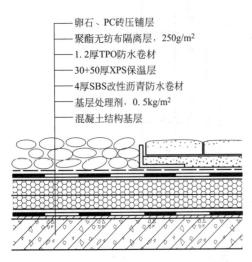

- 卵石、PC砖压铺层
- 聚酯无纺布隔离层，250g/m²
- 1.2厚TPO防水卷材
- 30+50厚XPS保温层
- 4厚SBS改性沥青防水卷材
- 基层处理剂，0.5kg/m²
- 混凝土结构基层

图2-6 宜顶工业化装配式屋面系统[73]

对于有特殊功能要求的装配式冷库，其装配式屋面内外温差、湿度差较大，因此需要严格设置防水层和隔汽层，阻绝水汽的交换，使屋面与墙体形成连续的密封体。嘉兴荷美尔项目采用索普瑞玛独特的自粘型SBS隔汽膜和法拉格TPO卷材的整体防水隔汽系统，有效防止空气的直接对流、阻绝水汽的交换，形成完整的气密系统，具体做法如图2-7所示[74]。

3. 外墙外保温设计

根据《外墙外保温工程技术标准》JGJ 144—2019[75]，目前主流的外墙外保温系统有粘贴保温板薄抹灰外墙保温、胶粉聚苯颗粒保温浆料外保温、胶粉聚苯颗粒浆料贴砌EPS板外保温和现场喷涂硬泡聚氨酯外保温。下文对以上保温做法进行介绍。

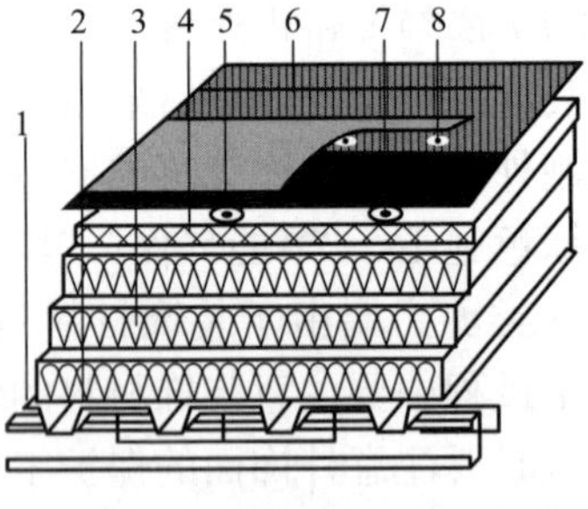

（1）粘贴保温板薄抹灰外墙保温

粘贴保温板薄抹灰外墙保温系统由粘结层、保温层、抹面层和饰面层构成。其中，粘结层使用胶粘剂；保温板可以采用EPS、XPS、PUR或PIR板；抹面层为抹面胶浆，抹面胶浆中满铺玻纤网格布；饰面层可以用涂料或者饰面砂浆。如图2-8所示。

图2-7 TPO卷材做法图[74]
1—1厚镀锌闭口金属楼承板；2—0.6厚SBS自粘卷材隔汽膜；3—3层80厚挤塑保温板；4—30厚岩棉保温板；5—0.5厚防水透汽膜；6—1.5厚TPO防水卷材；7—防冷桥紧固件；8—TPO卷材固定件

（2）胶粉聚苯颗粒保温浆料外保温

胶粉聚苯颗粒保温浆料外保温系统由界面层、保温层、抹面层和饰面层构成。界面层

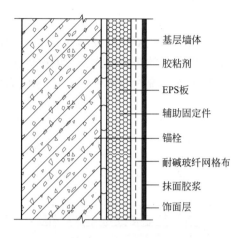

图 2-8　粘贴保温板薄抹灰外墙保温图

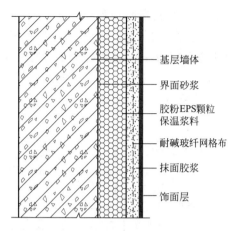

图 2-9　胶粉聚苯颗粒保温浆料外保温

的材料为界面砂浆,保温层的材料为胶粉聚苯颗粒保温浆料,抹面层材料是抹面胶浆,抹面胶浆中满铺耐碱玻纤网格布,饰面层可用涂料或饰面砂浆。如图 2-9 所示。

(3)胶粉聚苯颗粒浆料贴砌 EPS 板外保温

胶粉聚苯颗粒浆料贴砌 EPS 板外保温由界面砂浆层、胶粉聚苯颗粒贴砌浆料层、EPS板保温层、胶粉聚苯颗粒贴砌浆料层、抹面层和饰面层构成,抹面层中应该满铺玻纤网格布,饰面层可为涂料或饰面砂浆。如图 2-10 所示。

(4)现场喷涂硬泡聚氨酯外保温

现场喷涂硬泡聚氨酯外保温由界面层、现场喷涂硬泡聚氨酯保温层、界面砂浆层、找平层、抹面层和饰面层组成,抹面层中应满铺玻纤网格布,饰面层可以是涂料或者饰面砂浆。如图 2-11 所示。

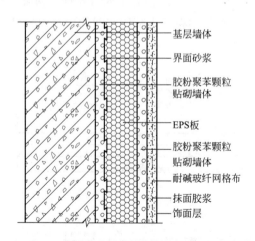

图 2-10　胶粉聚苯颗粒浆料贴砌 EPS 板外保温

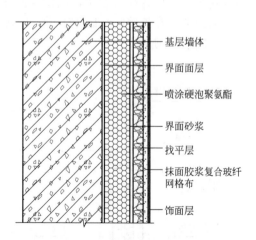

图 2-11　现场喷涂硬泡聚氨酯外保温

4. 防水构造

装配式建筑由于其自身装配式的特点,较现浇结构而言其接缝防水是要差一些的,不过目前从技术层面上来讲,通过采取一系列的防水构造措施,外墙板防水性能已经能够得到有效的保障。目前,预制外墙板接缝防水处理的形式主要有以下三种[76]:

（1）外挂内浇的预制外墙板

外挂内浇的预制外墙板主要采用外侧排水空腔及打胶，内侧依赖现浇部分混凝土自防水的接缝防水形式。这种外墙板接缝防水形式是目前运用最多的一种形式，它的好处是施工比较简易，速度快；缺点是防水质量难以控制，空腔堵塞情况时有发生，一旦内侧混凝土发生开裂将直接导致墙板防水失效。如图2-12所示。

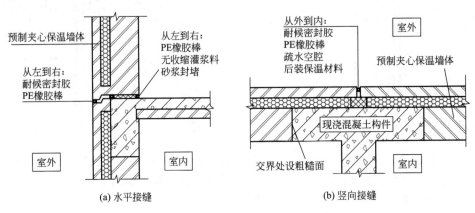

图2-12　外墙板接缝防水构造[77]

（2）外挂式预制外墙板

封闭式线防水形式主要有3道防水措施，最外侧采用高弹力的耐候防水硅胶，中间部分为物理空腔形成的减压空间，内侧使用预嵌在混凝土中的防水橡胶条上下互相压紧起到防水效果，在墙面之间的十字接头处的外侧再增加一道聚氨酯防水，其主要作用是利用聚氨酯良好的弹性封堵橡胶止水带相互错动可能产生的细微缝隙，对于防水要求特别高的房间或建筑，可以在橡胶止水带内侧全面施工聚氨酯防水，以增强防水的可靠性。每隔3层左右的距离，在外墙防水硅胶上设一处排水管，可有效地将渗入减压空间的雨水引导到室外，如图2-13所示。

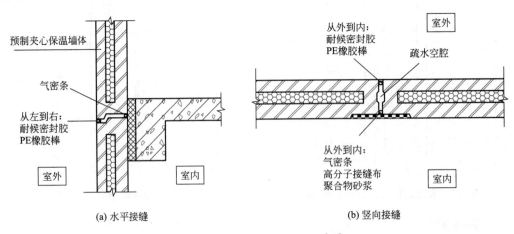

图2-13　封闭式线防水形式[77]

（3）开放式线防水

开放式线防水形式与封闭式线防水以及内侧压密式防水橡胶条的原理基本相同，但是在墙板外侧的防水措施上，开放式线防水不采用打胶的形式，而是采用一端预埋在墙板内，另一端伸出墙板外的幕帘状橡胶条上下相互搭接来起到防水作用，同时外侧的橡胶条间隔一定距离设置不锈钢导气槽，起到平衡内外气压和排水的作用。

开放式线防水形式最外侧的防水采用了预埋的橡胶条，产品质量更容易控制和检验，施工时工人无需在墙板外侧打胶，省去了脚手架或者吊篮等施工措施，更加安全简便。缺点是对产品保护要求较高，预埋橡胶条一旦损坏更换困难，耐候性的橡胶止水条成本也比较高。开放式线防水是目前外墙防水接缝处理形式中较为先进的形式，但其是一项由国外公司研发的专利技术，受专利使用费用的影响，目前国内使用这项技术的项目还非常少。

2.2.6 机电设备与管线系统设计

对于装配式建筑的机电设备与管线系统设计，目前最为常用的是采用建筑信息模型（BIM）技术，对复杂的管线进行碰撞检查来保证相关功能的正常使用，碰撞检查时应明确被检测模型的精细度、碰撞检测范围及规则。

机电设备与管线系统应进行集成设计，并应符合规定：给水排水、暖通空调、电气智能化、燃气等设备与管线进行综合设计，减少平面交叉。宜选用模块化产品，接口应标准化，并应预留扩展条件，预制构件中电气接口及吊挂配件的孔洞、沟槽应根据装修和设备要求预留。对有降板要求的，宜采用同层排水设计，并结合房间净高、楼板跨度、设备管线等因素确定降板方案。

设备与管线穿越楼板和墙体时，应采取防水、防火、隔声、密封等措施，防火封堵应符合现行国家标准《建筑设计防火规范》GB 50016—2014[78]的有关规定；抗震设计应符合现行国家标准《建筑机电工程抗震设计规范》GB 50981—2014[79]的有关规定。

设备与管线宜与主体结构相分离，应方便维修更换，且不应影响主体结构安全。竖向管线宜集中布置，并应满足维修更换的要求。竖向电气管线宜统一设置在预制板内或装饰墙面内，墙板内竖向电气管线布置应保持安全间距。

2.2.7 内装系统设计

装配式混凝土建筑的内装设计应遵循标准化设计和模数协调的原则，宜采用建筑信息模型（BIM）技术与结构系统、外围护系统、设备管线系统进行一体化设计；内装设计应满足内装部品的连接、检修更换和设备及管线使用年限的要求，内装设计时宜采用管线分离；内装部品、室内管线应与预制构件的深化设计紧密配合，预留接口位置应准确到位。室内装修宜减少施工现场的湿作业。

装配式混凝土建筑的内装设计应符合国家现行标准《建筑内部装修设计防火规范》GB 50222—2017[80]、《民用建筑工程室内环境污染控制标准》GB 50325—2020[81]、《民用建筑隔声设计规范》GB 50118—2010[82]和《住宅室内装饰装修设计规范》JGJ 367—2015[83]等的相关规定。

2.3 装配式结构设计

根据建筑、给水排水、暖通、电气等专业与结构专业进行相关的方案规划后，首先需要确定结构方案与相应的预制构件拆分方案，其中结构方案中的结构设计要根据房屋高度和高宽比、抗震设防类别、抗震设防烈度、场地类别、结构材料和施工技术条件等选择适宜的装配式建筑结构体系。

2.3.1 结构设计内容

从某种意义上来说，装配式建筑的设计就是混凝土结构设计。目前，相关的现行国家和行业标准包括：《混凝土结构设计规范》GB 50010—2010[48]、《建筑抗震设计规范》GB 50011—2010[68]等。但装配式混凝土结构的设计也有它的一些新特点，现行的国家和行业标准包括《装配式混凝土结构技术规程》JGJ 1—2014[9]、《装配式混凝土建筑技术标准》GB/T 51231—2016[46]和《装配式多层混凝土结构技术规程》T/CECS 604—2019[47]等。

装配式混凝土结构设计，主要有结构整体计算分析、结构构件设计、预制构件连接节点设计、预制构件的拆分设计以及预制构件的深化设计。

（1）结构整体计算分析。当前对于装配式结构的整体分析，采用的是等同现浇的整体结构分析方法，所以说对装配式混凝土而言，整体计算与混凝土结构相同，但是由于装配式混凝土结构区别于现浇混凝土结构，使用结构分析软件分析计算时对周期折减系数、梁刚度增大系数、扭矩折减系数等进行调整。

（2）结构构件设计。构件设计是在整体抗震指标满足相关规范条文后进行的步骤，在逐步进行预制梁、柱、板等设计时，预制构件既要满足同现浇混凝土构件一样的设计计算要求，又需着重考虑构件在制作、运输和安装阶段的计算，如预制构件生产阶段和施工阶段的验算。

（3）预制构件连接节点设计。目前装配式混凝土结构的设计是等同现浇混凝土结构的设计，做到"等同现浇"最重要的就是实现预制构件可靠的连接。连接节点的选型和设计要满足承载力、延性和耐久性的要求，通过合理可靠的连接节点形式，保证构件传力的连续性和结构的整体稳定性。

（4）预制构件的拆分设计。预制构件的拆分设计是在确定结构方案时考虑的，拆分设计时应减少模板的种类，做到少规格、多组合，并且要满足构件的运输、堆放和安装等要求。

（5）预制构件的深化设计。深化设计指的是在原方案、施工图的基础上，结合现场的施工方案、工厂的生产条件、运输路况等对图纸进行完善、补充，绘制成满足构件加工厂要求的施工图纸。

2.3.2 整体分析一般规定

1. 最大适用高度

对于装配式混凝土结构，目前相关规范里涉及的有：装配整体式框架结构、装配整体式剪力墙结构、装配整体式框架-现浇剪力墙结构、装配整体式部分框支剪力墙结构、装配整体式框架-现浇核心筒结构。

对各结构体系，预制结构房屋最大适用高度应满足表2-3的要求。除此之外，当结构中竖向构件全部为现浇且楼盖采用叠合梁板时，房屋的最大适用高度可按现行行业标准《高层建筑混凝土结构技术规程》JGJ 3—2010[84]中的规定采用；装配整体式剪力墙结构和装配整体式部分框支剪力墙结构，在规定水平作用力下，当预制剪力墙构件底部承担的总剪力大于该层总剪力的50%时，其最大适用高度应适当降低；当预制剪力墙构件底部承担的总剪力大于该层总剪力的80%时，最大适用高度应取表2-3括号里的数值。

装配整体式混凝土结构房屋的最大使用高度（m）　　表 2-3

结构类型	非抗震设计	抗震设防烈度			
		6度	7度	8度（0.20g）	8度（0.30g）
装配整体式框架结构	70	60	50	40	30
装配整体式框架-现浇剪力墙结构	150	130	120	100	80
装配整体式剪力墙结构	140（130）	130（120）	110（100）	90（80）	70（60）
装配整体式部分框支剪力墙结构	120（110）	110（100）	90（80）	70（60）	40（30）
装配整体式框架-现浇核心筒结构		150	130	100	90

2. 高宽比

高宽比指的是建筑高度与宽度的比值，由于在高层建筑结构设计中对侧向位移的控制，随着高度增加，倾覆力矩也相应迅速增大，因此高层建筑的高宽比不宜过大。限制高宽比是对结构整体刚度、整体稳定、承载能力和经济合理性的一个宏观指标，该指标主要影响结构设计的经济性，对装配式建筑亦是如此。因此根据规范规定，高层装配整体式结构的高宽比不宜超过相应的数值：装配整体式框架结构，非抗震设计时最大高宽比为5，抗震设防烈度为6、7度时为4，8度时为3；装配整体式框架-现浇剪力墙结构，非抗震设计时最大高宽比为6，抗震设防烈度为6、7度时为4，8度时为5；装配整体式剪力墙结构，非抗震设计时最大高宽比为6，抗震设防烈度为6、7度时为6，8度时为5；装配整体式框架-现浇核心筒结构，抗震设防烈度为6、7度时为7，8度时为6。

3. 装配整体式结构构件的抗震设计

装配整体式结构构件的抗震设计，应根据设防类别、设防烈度、结构类型和房屋高度采用不同的抗震等级，并应符合相应的计算和构造措施要求。丙类装配整体式结构的抗震等级应按表2-4确定。其他抗震设防类别和特殊场地类别下的建筑应符合国家现行标准《建筑抗震设计规范》GB 50011—2010[68]、《装配式混凝土结构技术规程》JGJ 1—2014[9]、《高层建筑混凝土结构技术规程》JGJ 3—2010[84]中对抗震措施进行调整的规定。对于其他结构类型，可采用试验方法对结构整体或者局部构件的承载能力极限状态和正常使用极限状态进行复核，并应进行专项论证。

乙类装配整体式结构应按本地区抗震设防烈度提高一度的要求加强其抗震措施；当本地区抗震设防烈度为8度且抗震等级为一级时，应采取比一级更高的抗震措施；当建筑场地类别为Ⅰ类时，仍可按本地区抗震设防烈度的要求采取抗震构造措施。甲类建筑不适宜采用装配式建筑。

大跨度框架指的是跨度不小于18m的框架。高度不超过60m的装配整体式框架-现浇核心筒结构按装配整体式框架-现浇剪力墙的要求设计时，应按表2-4中装配整体式框架-现浇剪力墙结构的规定确定其抗震等级。

丙类装配整体式结构的抗震等级　　　　　　　　　　　　　　表 2-4

结构类型		抗震设防烈度							
		6度		7度			8度		
装配整体式框架结构	高度（m）	≤24	>24	≤24	>24		≤24	>24	
	框架	四	三	三	二		二	一	
	大跨度框架	三	三	二	二	二	一	一	一
装配整体式框架–现浇剪力墙结构	高度（m）	≤60	>60	≤24	>24且≤60	>60	≤24	>24且≤60	>60
	框架	四	三	四	三	二	三	二	一
	剪力墙	三	三	三	三	二	二	二	一
装配整体式框架–现浇核心筒结构	框架	三	三	二	二	二	一	一	一
	核心筒	二	二	二	二	二	一	一	一
装配整体式剪力墙结构	高度（m）	≤70	>70	≤24	>24且≤70	>70	≤24	>24且≤70	>70
	剪力墙	四	三	四	三	二	三	二	二
装配整体式部分框支剪力墙结构	高度（m）	≤70	>70	≤24	>24且≤70	>70	≤24	>24且≤70	/
	现浇框支框架	二	二	二	二	一	一	一	/
	底部加强部位剪力墙	三	二	三	二	二	二	二	/
	其他区域剪力墙	四	三	四	三	二	三	二	/

抗震设计时，构件及节点的承载力抗震调整系数 γ_{RE} 应根据不同情况选择。

（1）正截面承载力计算：受弯构件 γ_{RE} 取 0.75，轴压比小于 0.15 的偏心受压柱为 0.75，轴压比不小于 0.15 的偏心受压柱为 0.8，偏心受拉构件为 0.85，剪力墙为 0.85。

（2）斜截面承载力计算：各类构件及框架节点 γ_{RE} 取 0.85。

（3）受冲切承载力计算、接缝受剪承载力计算：γ_{RE} 取 0.85。

当仅考虑竖向地震作用组合时，承载力抗震调整系数 γ_{RE} 应取 1.0；预埋件锚筋截面计算的承载力抗震调整系数 γ_{RE} 应取为 1.0。

4. 装配式结构的平面布置

实际震害表明，简单、对称的建筑在地震时不容易被破坏，而体形较为复杂的建筑震害往往会更加严重。因此，在建筑设计方案阶段就应考虑建筑的平面规则性和竖向规则性。对于结构平面布置，需有利于抵抗水平作用和竖向荷载，受力要明确、传力要直接，力争均匀对称以减少扭转的影响。根据《装配式混凝土结构技术规程》JGJ 1—2014[9]中的规定，装配式结构的平面布置宜满足：

（1）平面形状宜简单、规则、对称，质量、刚度分布宜均匀。

（2）不应采用严重不规则的平面布置；平面长度不宜过长，长宽比（L/B）宜按规范规定，如图 2-14a 所示。

（3）平面突出部分的长度 l 不宜过大，宽度 b 不宜过小，l/B_{max}、l/b 宜符合要求。如图 2-14b–e 所示。

（4）平面不宜采用角部重叠或者细腰形平面布置。

如图2-14所示。

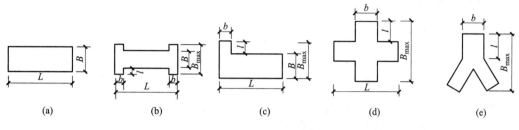

(a) (b) (c) (d) (e)

图2-14　建筑平面示例

在抗震设防烈度为6、7时，l/B限值不大于6.0，l/B_{max}不大于0.35，l/b不大于2.0；在抗震设防烈度为8度时，l/B限值不大于5.0，l/B_{max}不大于0.30，l/b不大于1.5。

5. 装配式结构竖向布置

《装配式混凝土结构技术规程》JGJ 1—2014[9]的相关规定为：装配式结构竖向布置应连续、均匀，应避免抗侧力结构的侧向刚度和承载力沿竖向突变，并应符合现行国家标准《建筑抗震设计规范》GB 50011—2010[68]的有关规定。

地震中的震害表明，结构刚度沿竖向突变、外形外挑或内收等，都会使某些楼层的变形过于集中并出现严重震害。在实际的工程抗震设计中，结构的承载力和抗侧刚度自下而上尽量逐渐均匀减小，主要通过调整竖向构件的尺寸以及混凝土的强度等级。竖向布置方面有一个很重要的概念为"竖向不规则"，包括抗侧刚度不规则、竖向抗侧力构件不连续和楼层承载力突变。竖向抗侧刚度不规则时就会出现"薄弱层"，在调整竖向布置时应避免出现薄弱层。

2.3.3　作用及作用组合

作用指的是施加在结构上的集中力或分布力（直接作用）和引起结构外加变形或约束变形的原因（间接作用），作用引起的结构或结构构件的反应叫作用效应。建筑结构在使用期间便会承受水平和竖向的荷载作用，以及相关的间接作用。竖向主要是结构自重和楼屋面的恒、活荷载；水平方向主要是风作用和地震作用。结构设计时需要同时考虑竖向作用和水平作用。

装配式结构的作用及作用组合应根据国家现行标准《建筑结构荷载规范》GB 50009—2012[85]、《建筑抗震设计规范》GB 50011—2010[68]、《高层建筑混凝土结构技术规程》JGJ 3—2010[84]和《混凝土结构工程施工规范》GB 50666—2011[86]等确定。

区别于现浇混凝土结构，装配式结构的作用及作用组合不仅有前文中的竖向及水平荷载作用，还有预制构件的施工方面的验算。《装配式混凝土结构技术规程》JGJ 1—2014[9]中的相关规定为：

（1）预制构件在翻转、运输、吊运、安装等短暂设计状况下的施工验算，应将构件自重标准值乘以动力系数后作为等效静力荷载标准值。构件运输、吊装时，动力系数宜取1.5；构件翻转及安装过程中就位、临时固定时，动力系数可取1.2。

（2）预制构件进行脱模验算时，等效静力荷载标准值应取构件自重标准值乘以动力系数后与脱模吸附力之和，且不宜小于构件自重标准值的1.5倍。动力系数与脱模吸附力应符合下列规定：动力系数不宜小于1.2；脱模吸附力应根据构件和模具的实际状况取用，且不宜小于$1.5kN/m^2$。

2.3.4 结构整体分析

装配整体式结构在各种设计状况下，可采用与现浇混凝土结构相同的方法进行结构设计分析。当同一层内既有预制又有现浇抗侧力构件时，地震设计状况下宜对现浇抗侧力构件在地震作用下的弯矩和剪力进行适当放大。装配整体式结构承载能力极限状态及正常使用极限状态的作用效应分析可采用弹性方法。

装配式结构构件及节点应进行承载能力极限状态及正常适用极限状态设计，并应符合现行国家标准《混凝土结构设计规范》GB 50010—2010[48]、《建筑抗震设计规范》GB 50011—2010[68]和《混凝土结构工程施工规范》GB 50666—2011[86]等的有关规定。

抗震性能化设计时，结构在设防烈度地震及罕遇地震作用下的内力及变形分析，可根据结构受力状态采用弹性分析方法或弹塑性分析方法。弹塑性分析时，宜根据节点和接缝在受力全过程中的特性进行节点和接缝的模拟。材料的非线性行为可根据现行国家标准《混凝土结构设计规范》GB 50010—2010[48]确定，节点和接缝的非线性行为可根据试验研究确定。

结构内力与位移计算时，对现浇楼盖和叠合楼盖，均可假定楼盖在其自身平面内为无限刚性；楼面梁的刚度可计入翼缘作用予以增大；梁刚度增大系数可根据翼缘情况近似取为1.3 ~ 2.0。内力和变形计算时，应计入填充墙对结构刚度的影响。当采用轻质墙板填充墙时，可采用周期折减的方法考虑其对结构刚度的影响；对于框架结构，周期折减系数可取0.7 ~ 0.9；对于剪力墙结构，周期折减系数可取0.8 ~ 1.0。

按弹性方法计算的风荷载或多余地震作用下的楼层层间最大位移Δ_u与层高h之比的限值，对于整体装配式框架是1/550，对装配整体式框架–现浇剪力墙结构、装配整体式框架–现浇核心筒结构是1/800，对装配整体式剪力墙结构、装配整体式部分框支剪力墙结构是1/1000。

按弹塑性方法计算的罕遇地震作用下结构薄弱层（部位）的楼层层间位移Δ_p与层高h之比的限值，对于装配整体式框架结构是1/50，对装配整体式框架–现浇剪力墙结构、装配整体式框架–现浇核心筒结构是1/100，对装配整体式剪力墙结构、装配整体式部分框支剪力墙结构是1/120。

2.3.5 预制构件与节点连接设计

装配式混凝土结构相较于现浇混凝土结构增加了三项非常重要的设计，包括：预制构件设计、连接节点设计和拆分设计。本小节主要介绍预制构件设计和连接节点的一些概念和设计要点。

1. 预制混凝土构件设计

预制混凝土构件是在工厂中通过标准化、机械化加工生产而成的混凝土构件，主要由混凝土、钢筋、预埋件以及相关的做法材料等构成。混凝土预制构件具有质量和精度可控、受环境影响制约小、节能减排和缩短工期等优势，因此近年来预制构件逐渐受到了市场的认可。

目前，预制混凝土构件主要可以分为竖向预制构件和水平预制构件。竖向预制构件包括预制隔墙板、预制外墙板、预制内墙板、预制女儿墙、预制柱以及预制剪力墙等；水平预制构件包括预制梁、预制板、预制空调板、预制阳台板、预制楼梯、预制梁等，相关预制构件图如图2-15所示。

(a) 预制墙　　　　　(b) 预制柱　　　　　(c) 预制梁

(d) 预制板　　　　　(e) 预制阳台　　　　　(f) 预制楼梯

图2-15　预制构件

预制构件的设计应满足标准化的要求。目前，随着建筑信息化模型（BIM）技术的发展，在设计时可以通过BIM技术进行一体化设计，对预制构件的钢筋与预留洞口、预埋件等进行模拟协调，同时可以模拟节点施工并简化预制构件连接节点施工；此外，预制构件的形状、尺寸、重量等应满足制作、运输、安装各环节的要求，配筋设计应便于工厂化生产和现场连接。

《装配式混凝土结构技术规程》JGJ 1—2014[9]对预制构件的设计进行了如下规定：

（1）对持久设计状况，应对预制构件进行承载力、变形、裂缝控制验算；

（2）对地震设计状况，应对预制构件进行承载力验算；

（3）对制作、运输和堆放、安装等短暂设计状况下的预制构件验算，应符合现行国家标准《混凝土结构工程施工规范》GB 50666—2011[86]的有关规定。

（4）当预制构件中钢筋的混凝土保护层厚度大于50mm时，宜对钢筋的混凝土保护层采取有效的构造措施。

（5）用于固定连接件的预埋件与预埋吊件、临时支撑用预埋件不宜兼用；当兼用时，应同时满足各种设计工况要求。预制构件中预埋件的验算应符合现行国家标准《混凝土结构设计规范》GB 50010—2010[48]、《钢结构设计标准》GB 50017—2017[49]和《混凝土结构工程施工规范》GB 50666—2011[86]的相关规定。预制构件中外露预埋件凹入构件表面的深度不宜小于10mm。

（6）预制板式楼梯的楼梯段板底和楼梯板面应配置通长的纵向钢筋。

2. 节点连接设计

对于装配式混凝土结构，可靠的节点连接尤其重要。目前，工程中常见的连接方式有：套筒灌浆连接、浆锚搭接连接、后浇混凝土连接、螺栓连接和焊接连接等。

（1）装配整体式结构一般规定

接缝的正截面承载力应符合现行国家标准《混凝土结构设计规范》GB 50010—2010[48]的规定。

接缝的受剪承载力应符合：

1）持久设计状况

$$\gamma_0 V_{jd} \leqslant V_u \qquad (2-1)$$

2）地震设计状况

$$V_{jdE} \leqslant V_{uE} / \gamma_{RE} \qquad (2-2)$$

在梁、柱端部箍筋加密区及剪力墙底部加强部位，尚应符合下式要求：

$$\eta_j V_{mua} \leqslant V_{uE} \qquad (2-3)$$

式中 γ_0——结构重要性系数，安全等级为一级时不应小于1.1，安全等级为二级时不应小于1.0；

V_{jd}——持久设计状况下接缝剪力设计值；

V_{jdE}——地震设计状况下接缝剪力设计值；

V_u——持久设计状况下梁端、柱端、剪力墙底部接缝受剪承载力设计值；

V_{uE}——地震设计状况下梁端、柱端、剪力墙底部接缝受剪承载力设计值；

V_{mua}——被连接构件端部按实配钢筋面积计算的斜截面受剪承载力设计值；

η_j——接缝受剪承载力增大系数，抗震等级为一、二级取1.2，抗震等级为三、四级取1.1。

（2）装配整体式框架结构

装配整体式的框架结构可按现浇混凝土框架结构进行设计，一、二、三级抗震等级的装配整体式框架，应进行梁柱节点核心区抗震受剪承载力验算，四级抗震等级可不验算，梁柱节点核心区抗震受剪承载力验算和构造应符合现行国家标准《混凝土结构设计规范》GB 50010—2010[48]和《建筑抗震设计规范》GB 50011—2010[68]中的有关规定（图2-16）。

叠合梁竖向接缝的受剪承载力设计值应按下列公式计算：

1）持久设计状况

$$V_u = 0.07 f_c A_{cl} + 0.10 f_c A_k + 1.65 A_{sd} \sqrt{f_c f_y} \qquad (2-4)$$

2）地震设计状况

$$V_{uE} = 0.04 f_c A_{cl} + 0.06 f_c A_k + 1.65 A_{sd} \sqrt{f_c f_y} \qquad (2-5)$$

式中 A_{cl}——叠合梁端界面后浇混凝土叠合层截面面积；

f_c——预制构件混凝土轴心抗压强度设计值；

f_y——垂直穿过结合面钢筋抗拉强度设计值；

A_k——各键槽根部截面面积之和，按后浇键槽根部截面和预制键槽根部截面面积分别计算，并取二者较小值；

A_{sd}——垂直穿过结合面所有钢筋的面积，包括叠合层内的纵向钢筋。

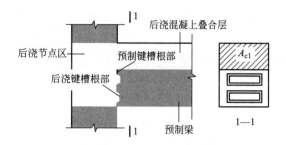

图 2-16　叠合梁端受剪承载力计算参数示意

在地震作用下，预制柱底水平接缝的受剪承载力设计值应按下列公式计算：

1）当预制柱受压时

$$V_{uE}=0.8N+1.65A_{sd}\sqrt{f_c f_y} \qquad (2-6)$$

2）当预制柱受拉时

$$V_{uE}=1.65A_{sd}\sqrt{f_c f_y\left[1-\left(\frac{N}{A_{sd}f_y}\right)^2\right]} \qquad (2-7)$$

式中　f_c——预制构件混凝土轴心抗压强度设计值；

　　　f_y——垂直穿过结合面的钢筋抗拉强度设计值；

　　　N——与剪力设计值 V 相应的垂直于结合面的轴向力设计值，取绝对值进行计算；

　　　A_{sd}——垂直穿过结合面所有钢筋的面积；

　　　V_{uE}——地震设计状况下接缝受剪承载力设计值。

（3）装配式剪力墙结构

在地震设计状况下，剪力墙水平接缝的受剪承载力设计值应按下式计算：

$$V_{uE}=0.6f_y A_{sd}+0.8N \qquad (2-8)$$

式中　f_y——垂直穿过结合面的钢筋抗拉强度设计值；

　　　N——与剪力设计值 V 相应的垂直于结合面的轴向力设计值，压力时取正，拉力时取负；

　　　A_{sd}——垂直穿过结合面的抗剪钢筋面积。

2.3.6　预制构件的拆分深化设计

1. 拆分设计的主要工作

拆分设计是装配式混凝土结构的关键环节。其主要工作有：

（1）确定现浇与预制的范围、边界

根据《装配式混凝土结构技术规程》JGJ 1—2014[9]的相关规定，高层装配整体式结构的现浇部位宜设置地下室，地下室采用现浇混凝土；剪力墙结构的底部加强区的剪力墙宜采用现浇混凝土；框架结构中首层柱采用现浇混凝土，顶层采用现浇楼盖结构；部分框支剪力墙结构中，底部框支层不宜超过2层，且框支层及相邻上一层应采用现浇结构；部分框支剪力墙以外的结构中的转换梁、转换柱宜采用现浇。

（2）确定结构构件的拆分部位

装配式结构中，可以拆分的部件主要有梁、柱、楼板以及墙板等，拆分设计时要明确项目的装配率，综合考虑经济、运输、政策等因素，水平构件确定预制叠合梁、叠合板的拆分部位，竖向构件需确定预制墙板、预制柱的拆分部位。

拆分时要着重考虑构件的接缝位置，构件接缝应该设计在应力较小的部位。板的拆分位置应根据类型确定，如果采用双向叠合板，则可以不改变受力模式，如果采用单向叠合板时，则应把板的受力模式改为对边传导，单向传力。

（3）确定后浇区与预制构件之间的关系

拆分时，应当考虑预制构件之间的现场连接方式，当确定楼盖为叠合板时，由于叠合板钢筋需要伸到支座中锚固，因此支座梁相应地也必须有叠合层。

2. 预制构件的拆分

（1）柱的拆分：柱子一般按层高进行拆分，根据《预制预应力混凝土装配整体式框架结构技术规程》JGJ 224—2010[37]的相关规定，柱也可以拆分成多节柱，但在实际工程中柱常根据层高拆分为单节柱，以保证柱垂直度的控制调节，简化预制柱的制作、运输及吊装，保证质量。

（2）剪力墙的拆分：装配式剪力墙结构的剪力墙常用的拆分方式包括：边缘构件现浇、非边缘构件预制；边缘构件部分预制、水平钢筋连接环套环；外墙全预制、现浇部分设置在两片预制外墙的中间层部位。基于生产难易程度、质量控制以及吊装运输等因素，尽量拆分为一字形，且单个构件一般不大于5t，最大构件控制在10t以内。

边缘构件现浇、非边缘构件预制的拆分方式为国家行业标准所推荐。当边缘约束构件采用现浇后，边缘构件内纵向钢筋连接可靠，整体的抗震性能可以得到保证，抗震性能基本等同于现浇结构；缺点是边缘构件的现浇模板复杂，若水平分布钢筋按要求进行搭接，会使现浇区域变大，影响装配率。

边缘构件部分预制、水平钢筋连接环套环这种拆分方式主要基于水平箍筋套环连接的理论，其优点是现浇部分少；缺点是存在现浇区域狭小、操作困难的问题。

外墙全预制、现浇部分设置在内墙的拆分方式，优点是外墙几乎全预制，预制构件全部为一字形，构件制作简单；缺点是如果窗下墙预制，导致施工较为困难。

（3）梁的拆分：装配式框架结构中，预制梁包括主梁、次梁。主梁一般都是按照柱网拆分为单跨梁，当跨距较大时可拆分为双跨梁；次梁以主梁间距为单位拆分为单跨梁。装配式剪力墙结构中，连梁（LL）和框梁（KL）的跨度一般不大于6m，当大于6m时需要考虑4吊点并需要重新组合吊具设计。当遇到主次梁交接时，最好采用次梁预制、主梁现浇的形式；若主次梁均为预制时，应在次梁部分设置灌浆套筒连接。

（4）楼板的拆分：楼板按单向叠合板和双向叠合板进行拆分。拆分为单向叠合板时，楼板沿非受力方向划分，预制底板采用分离式接缝，可在任意位置拼接；拆分为双向叠合板时，预制底板之间采用整体式接缝，接缝位置宜设置在叠合板的次要受力方向上且该处受力较小，预制底板间宜设置300mm宽后浇带用于预制板底钢筋连接。为方便卡车运输，预制底板宽度一般不超过3m，跨度一般不超过5m。在一个开间内，预制底板应尽量选择等宽拆分，以减少预制底板的类型。当楼板跨度不大时，板缝可设置在有内隔墙的部位，这样板缝在内隔墙施工完成后可不用再处理。预制底板的拆分还需考虑房间照明位置，一般来说板缝要避开灯具位置。对于卫生间、强弱电管线密集处的楼板，一般采用现浇混凝土楼板的方式。如图2-17所示。

（5）外挂墙板的拆分：外挂墙板是装配式混凝土框架结构上的非承重外围护挂板，其拆分受限于层高和开间尺寸，应根据建筑立面的特点，将墙板接缝位置与建筑立面相对应，既要满足墙板的尺寸控制要求，又将接缝构造与立面要求结合起来。此外，外挂墙板的几何尺寸要考虑到施工、运输条件等，当构件尺寸过长或过高时，主体结构层间位移对其内力的影响也较大。

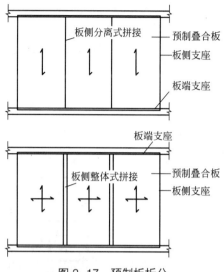

图 2-17　预制板拆分

（6）内隔墙板的拆分：内隔墙板考虑到板接缝处易开裂，采用整间墙板或者砌块。采用整间墙板需进行脱模计算、吊装过程中的构件承载力和正常使用计算。墙板中的电气管线等根据内隔墙的种类分别进行布置。

（7）楼梯的拆分：宜将剪刀楼梯整段作为一个楼梯板进行拆分，不宜在中间位置设置梁，为减少预制混凝土楼梯板的重量，可考虑将剪刀楼梯设计成梁式楼梯。采用这种拆分方式时，楼梯安装速度慢，连接构造复杂。对于双跑楼梯，需要注意休息平台板与外墙的连接，此处必要时墙体可采用现浇方法施工。

3. 制作、运输、安装条件对拆分的限制

预制混凝土构件要根据构件的种类、规格、重量等参数制定构件运输和存放方案，包括运输时间、次序、存放场地、运输路线、固定要求等。对于非常规构件，要采用专门质量安全保证措施。预制构件在运输和存放过程中要有可靠的固定构件的措施，不得使构件产生变形、损坏。

由于预制构件拆分深化设计时要考虑多方面因素，包括：建筑功能性、结构合理性、制作运输安装环节的可行性和便利性等，所以拆分不仅是技术工作，也包含对外部条件的调研和经济性分析，主要的限制条件包括：

（1）重量限制。工厂起重机能力（工厂桁式起重机一般为12～25t）；施工塔式起重机起重能力（10t以内）；运输车辆限重一般为20～30t。此外，还需要了解工厂到现场的道路、桥梁的限重、限高要求等。

（2）尺寸限制。运输超宽限制为2.2～2.45m。运输超高限制为4m，车体高度为1.2m，构件高度在2.8m以内；如果斜放，可以再高些。有专业运输PC板的低车体车辆，构件高度可以达到3.5m。运输长度依据车辆不同，最长不超过15m。还需要调查道路转弯半径、途中隧道或过道电线通信线路的限高等。

（3）形状限制。一维线性构件和两维平面构件比较容易制作和运输，三维立体构件制作和运输都会麻烦一些。

4. 拆分设计图

深化设计相关的图纸包括结构设计总说明和拆分布置图。设计总说明中应包括：所有的材料说明；套筒、钢筋连接大样图；构件脱模、运输、存放、吊装等技术要求；主要连接部位节点的构造图。拆分布置图应包括：平面拆分图；立面拆分图。现浇、预制等构件表示符号要清晰，并且不能与常用的施工图符号重复。预制楼板及预制墙板拆分示例如图2-18～图2-23所示。

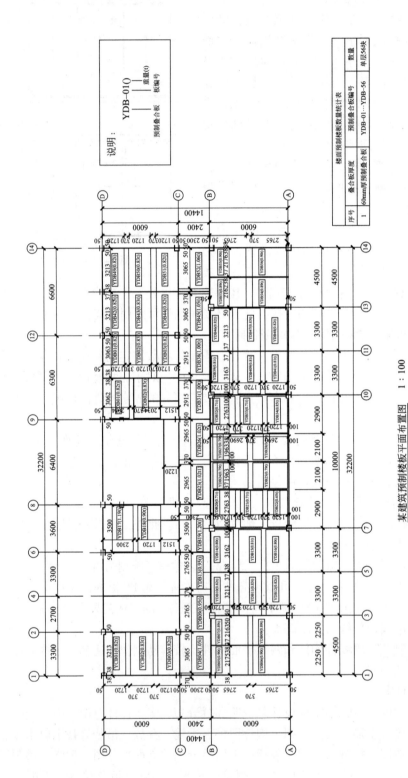

某建筑预制楼板平面布置图　1：100

图 2-18　某建筑楼板拆分深化图

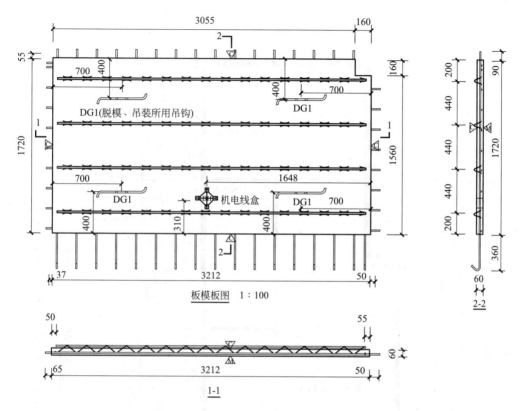

图 2-19 预制板示意图

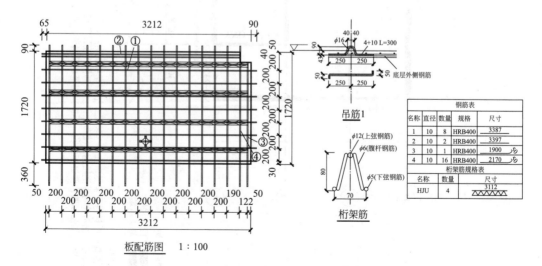

板配筋图 1:100

图 2-20 预制板配筋示意图

钢筋表				
名称	直径	数量	规格	尺寸
1	10	8	HRB400	3387
2	10	2	HRB400	3397
3	10	1	HRB400	1900
4	10	16	HRB400	2170
桁架筋规格表				
名称		数量		尺寸
HJU		4		3112

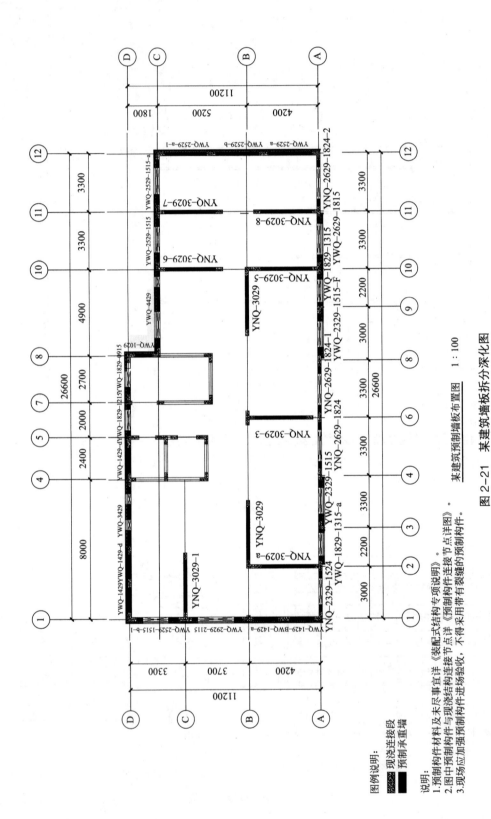

某建筑预制墙板布置图　1：100

图 2-21　某建筑墙板拆分深化图

图例说明：

▨ 现浇连接段

■ 预制承重墙

说明：
1. 预制构件材料及未尽事宜详《装配式结构专项说明》。
2. 图中预制构件与现浇结构连接节点详《预制构件连接节点详图》。
3. 现场应加强预制构件进场验收，不得采用带有裂缝的预制构件。

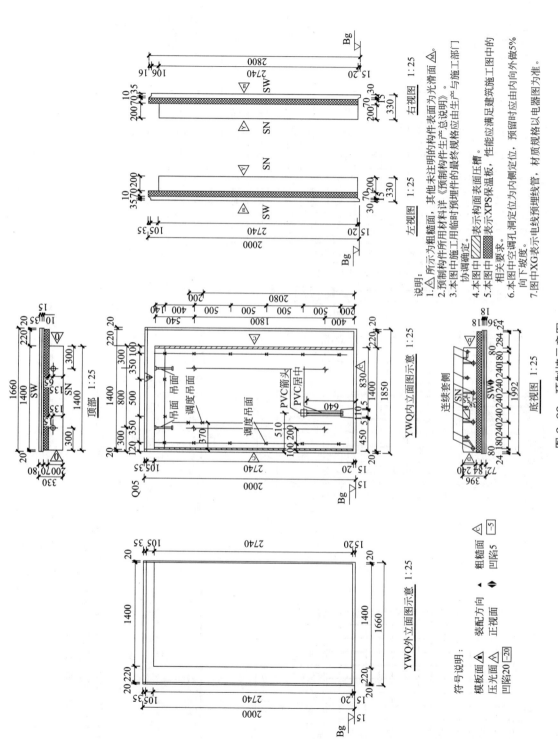

图 2-22　预制墙示意图

钢筋表

轴中直线	轴中直线直径	钢筋	钢筋中长	重量(kg)	说明
1a	φ14	8	140, 2460, 280	27.50	老设套筒紧固筋
1b	φ8	6	2710	6.42	转向带
1c	φ12	2	2710	4.81	转向带
2a	φ8	12	200, 1400, 200 / 114	18.14	水平带
2b	φ8	4	200, 1400, 200	2.84	水平带
2b-1	φ8	2	200 440 100	0.55	
2b-2	φ6	2	200 770 100	0.85	
2b-3	φ6	2	920	0.73	
2c	φ6	2 114	1370 / 138 30 114	234	水平带
3c	φ6	20	30	0.86	拉带
3b	φ6	4	160 30 114	0.20	拉带
4a	φ6	9	2850	5.70	6@20 取向前
4b	φ6	15	16.30	5.42	6@200 水向前

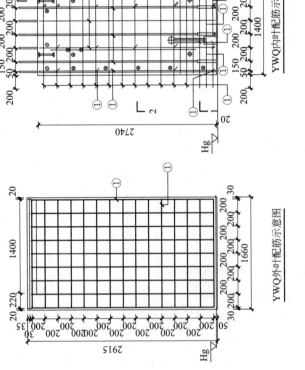

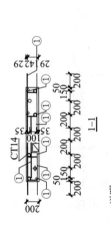

YWQ内叶配筋示意图

YWQ外叶配筋示意图

图2-23 预制墙板配筋示意图

说明：
1. 在实际生产过程中，本图中钢筋与预埋件实际位置有冲突时，非对外连接钢筋可做适当挪动，挪动范围不能超过±20mm。
2. 表中钢筋长度为投影长度。

2.4 预制构件施工阶段设计验算

2.4.1 预制构件的安装与连接

预制构件的安装与连接阶段，对于简支受弯构件，如空心板、双T板、预制梁等，主要考虑自重作用。当自重为不利作用时，应通过动力系数考虑由于固定时产生振动和冲击力效应，施工规范取该系数为1.2；当其为有利作用时，如进行抗倾覆或抗滑移验算时，动力系数则应取1.0。

对于叠合受弯构件，还需考虑钢筋混凝土现浇层的自重及浇筑混凝土时的施工荷载。在进行叠合构件验算时，宜根据混凝土的实际密度和钢筋的实际配筋量确定现浇层的自重，当采用普通混凝土时，钢筋混凝土自重可取25kN/m³；施工活荷载宜按实际情况计算，且宜不小于1.5kN/m²。

对于预制外墙挂板、预制柱等竖向围护构件，则尚需考虑风荷载等水平方向荷载的作用。预制外墙挂板在水平方向主要承受水平风荷载作用，风荷载的标准值可按荷载规范的有关规定确定，此时风压可按10年一遇采用，且应不小于0.20kN/m²。对于预制柱的临时支撑，需要考虑混凝土浇筑或不均匀堆载等因素产生的附加水平荷载，可参考《混凝土结构工程施工规范》GB 50666—2011[86]。

2.4.2 预制构件的验算

（1）预制构件

对于水平预制构件，大多采用平躺方式制作，其最不利的荷载工况可能是脱模起吊；对于竖向预制构件，有些也采用平躺方式制作，如预制桩、预制框架柱等，也可能采用水平方式吊装和运输，即预制构件在施工阶段的受力与其作为正式结构构件的受力状态完全不同，此种情况下构件的配筋可能由施工阶段控制，特别是长细比较大的预制桩构件；对于叠合构件，当没有设置竖向临时支撑时，其可能在浇筑混凝土时出现最不利荷载工况。为通过施工验算，采用调整吊点的位置、数量以及吊运形式的方法是较为合理、经济的方式。

对装配式混凝土预制构件的施工验算，可采用现行国家标准《工程结构可靠性设计统一标准》GB 50153—2008[87]中的容许应力法或安全系数法，该方法简单、可靠，适于工程应用。

对于预应力混凝土构件，大多数规范是不允许其开裂的，且对预应力施加时的要求和其他工况有所区别。结合国内外的规范要求，并考虑国内工程实践经验，《混凝土结构工程施工规范》GB 50666—2011[86]中的规定如下。

1）钢筋混凝土和预应力混凝土构件正截面边缘的混凝土法向压应力，应满足：

$$\sigma_{cc} \leqslant 0.8 f'_{ck} \tag{2-9}$$

式中　σ_{cc}——各施工环节在荷载标准组合作用下产生的构件正截面边缘处混凝土法向压应力，可按毛截面计算；

f'_{ck}——与各施工环节的混凝土立方体抗压强度相应的抗压强度标准值。

2）钢筋混凝土和预应力混凝土构件正截面边缘的混凝土法向拉应力，宜满足下式要求：

$$\sigma_{ct} \leq 1.0 f'_{tk} \qquad (2-10)$$

式中　σ_{cr}——各施工环节在荷载标准组合作用下产生的构件正截面边缘混凝土法向拉应力，可按毛截面计算；

　　　f'_{tk}——与各施工环节的混凝土立方体抗压强度相应的抗拉强度标准值。

3）对预应力混凝土构件的端部正截面边缘的混凝土法向拉应力可适当放松，但应不大于 $1.2 f'_{tk}$。对施工过程中允许出现裂缝的钢筋混凝土构件，其正截面边缘混凝土法向拉应力限值可适当放松，但开裂截面处受拉钢筋的应力应满足下式要求：

$$\sigma_s \leq 0.7 f_{yk} \qquad (2-11)$$

式中　σ_s——各施工环节在荷载标准组合作用下产生的构件受拉钢筋应力，应按开裂截面计算；

　　　f_{yk}——受拉钢筋强度标准值。

（2）预埋吊件

预埋吊件是指在混凝土浇筑成型前埋入预制构件内用于吊装连接的金属件。由于热轧光圆钢筋制作的吊环有设计强度低、锚固长度较长、耗材较多等缺点，一些专用预埋吊件，如内埋式螺母、内埋式吊杆专用吊具在国内工程中被采用。专用预埋吊件比较复杂，设置时预埋吊件到构件边缘最小距离、预埋吊件的中心最小间距、预埋吊件的固定方式、吊件周围的附加钢筋以及起吊时混凝土的最小强度应严格遵守产品应用技术手册的要求。

（3）临时支撑

施工时，搭设临时固定措施有利于保证预制构件的稳定和装配施工精度。通常，临时支撑不作为最主要的临时固定措施，因此其往往需要重复使用，其设计控制水平与永久结构构件是有区别的，应进行必要的施工验算。

目前，水平方向的预制梁、板大多采用叠合构件，导致预制构件承受的施工荷载比较大，当竖向支撑构件无法满足施工支撑要求，或者预制构件自身不能承受施工荷载时，需要在水平构件下方设置临时竖向支撑、在预制构件两端设置临时牛腿或临时支撑次梁等。在预制叠合梁与预制叠合板形成整体刚度前，支撑系统应能够承受预制楼板的重力荷载，以避免由于荷载不平衡而造成预制梁发生扭转、侧翻。

当竖向构件安装就位后，包括自重在内的竖向荷载可以传递到下层的支撑结构上，施工验算需考虑的是风荷载以及结构施工所可能产生的附加水平荷载。目前常用的临时斜撑是竖向构件的临时固定措施，连接临时斜撑后，采用经纬仪或吊线确定柱子的水平标高和垂直度偏差，并通过临时斜撑上的微调装置进行调整。

（4）预埋吊件、临时支撑验算

对于采用热轧光圆钢筋加工而成的吊钩和吊环，规范规定在构件的自重标准值下，当采用HPB300级热轧光圆钢筋时，每个吊环按2个截面计算的吊环应力应小于65MPa，即相应的施工安全系数为4.6。实际上，施工安全系数的取值需要考虑较多的因素，有构件自重荷载分项系数、钢筋弯折后的应力集中对强度的折减、动力系数、钢丝绳角度影响、临时结构的安全系数、临时支撑的重复使用性等，因此其安全系数比按持久性设计的结构大。

　　参考国外的相关标准和我国的工程经验，对预埋吊件、临时支撑的施工验算，施工规范采用安全系数法进行设计：

$$K_c S_c \leqslant R_c \tag{2-12}$$

式中　K_c——施工安全系数，临时支撑取 2，临时支撑的连接件、预制构件中用于连接临时支撑的预埋件取 3，普通预埋吊件取 4，多用途的预埋吊件取 5；当有可靠经验时，K_c 可根据实际情况适当增减；

　　　　S_c——施工阶段荷载标准组合作用下的效应值；

　　　　R_c——按材料强度标准值计算或根据试验确定的预埋吊件、临时支撑的承载力。

第3章 预制混凝土构件的连接技术

3.1 钢筋连接技术及要求

预制混凝土构件预留钢筋之间的连接方式主要有灌浆套筒连接、浆锚搭接连接和挤压套筒连接这三种形式。本章主要对三种连接形式的构造要求、优缺点及当前研究现状进行说明。

3.1.1 灌浆套筒连接

1. 概述

灌浆套筒连接技术是当前解决预制构件内部预留竖向钢筋连接中使用最为广泛的一种方式。该技术操作简单，接头连接强度高，并且能够适用于直径 12 ～ 40mm 钢筋的连接，具有广泛的连接范围。北京地区大部分装配式建筑均采用灌浆套筒连接，如：房山区长阳半岛、长阳新天地、紫云家园等住宅楼中剪力墙内部预留钢筋均使用灌浆套筒连接。延庆世园会周边新建住宅楼构造柱纵筋连接也引进了灌浆套筒连接形式。此外，2009年北京建茂与万科共同开发了以碳素结构钢材料代替低碳钢作为灌浆套筒外壁的新型连接体系，并且首次应用于中粮万科假日项目中剪力墙预留钢筋的竖向连接。

灌浆套筒连接是指将两侧构件中受拉钢筋分别从两端插入套筒，或是一端采用机械连接，另一端插入套筒，之后将灌浆料从插入端注浆孔注入，待灌浆料从出浆孔流出，可视为套筒注浆完成。受拉钢筋被凝固后的水泥基灌浆料高强度连接。灌浆料应满足《钢筋连接用套筒灌浆料》JG/T 408—2019[57] 的规定，具有早强高强、自密实、微膨胀等特点，并且具有一定流动性。灌浆料是以水泥为基本原料，加以外加剂以及其他细骨料，通常细骨料采用天然砂，且最大粒径不得超过 2.36mm。此外，根据《钢筋连接用灌浆套筒》JG/T 398—2019 的规定[56]，套筒外壁可采用球墨铸铁铸造成型或机械加工成型，要求套筒内壁按照规范要求做成封闭环剪力槽，使得凝固之后的灌浆料和筒壁正锁定啮合效应紧密连接，锚固钢筋应采用螺纹钢筋，且锚固长度为 8d（d 为锚固钢筋直径）。套筒形式根据两端连接方式分为预留外伸钢筋之间连接的全灌浆套筒（图 3-1a）和预留钢筋与预制构件连接的半灌浆套筒（图 3-1b）。

由于全灌浆套筒两端均采用钢筋插入后灌浆连接，因此筒身要求较长，通常在 25cm 以上，适用于预制柱竖向钢筋和预制梁、叠合板等构件横向钢筋的连接。半灌浆套筒通常一端预埋入剪力墙中，与构件中预留钢筋采用螺栓或焊接等机械连接形式，另一端插入锚固钢筋进行灌浆连接。因长度方向上仅需要保留一侧的锚固长度，故对套筒长度要求较小。此外，考虑实际施工精度的关系，需在全灌浆套筒中间轴向定位点两侧及半灌浆套筒

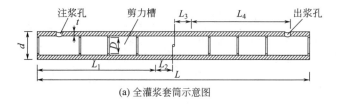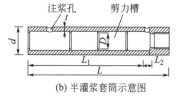

图 3-1　灌浆套筒示意图

L—灌浆套筒全长；L_1—注浆端锚固长度；L_2—装配端预留钢筋安装调整长度；L_3—预制端预留钢筋安装调整长度；L_4—排浆端锚固长度；t—灌浆套筒名义壁厚；d—灌浆套筒外径；D—灌浆套筒最小内径；D_1—灌浆套筒机械连接端螺纹的公称直径；D_2—灌浆套筒螺纹端与灌浆端连接处的通孔直径

注浆端头位置预留钢筋调整长度，且长度不应小于10mm。在施工现场使用灌浆套筒连接时，应注意采取设置定位架等措施保证预制构件外露钢筋的位置、长度和顺直度，并应避免污染钢筋。预制构件吊装前，应检查构件的类型与编号，当灌浆套筒内有杂物时，应清理干净。预制构件就位前，应按规定检查已完成的结构施工质量。外露连接钢筋的表面不应粘连混凝土、砂浆，不应发生锈蚀，当外露连接钢筋倾斜时，应进行校正。

2. 试验研究现状

工程师Alfred.A.Yee于20世纪70年代发明灌浆套筒，应用于夏威夷的阿拉莫阿酒店[88]，并在专利中提出了在套筒内壁制作剪力槽以增大灌浆料与筒壁的咬合力。William.B.Lamport等[89]通过试验确定了灌浆套筒的极限承载力与剪力槽的位置、槽深、槽宽没有直接关系，只与浆液强度的平方根有关。Ling等[90]针对灌浆料与钢筋的作用机理经过试验后提出了钢筋横肋截面合力分解两方向的受力模型。李晨光等在2016～2018年完成了装配式新型墙体材料体系与套筒灌浆连接技术研究与示范，并且在2017年完成了钢筋套筒灌浆连接产品与应用系列标准的研制。

利用有限元分析软件对灌浆套筒连接建模过程中，由于灌浆料不同于普通硅酸盐混凝土，当前对与灌浆料的本构关系有两种解决方式：

（1）根据归一理论参考混凝土的本构关系，将灌浆套筒视为整体，从而研究灌浆套筒整体的本构关系。该方向主要对使用灌浆套筒连接而成的构件进行分析，从而得出灌浆套筒连接性能的优劣。为研究半灌浆套筒整体的本构关系，刘立平等[91]对半灌浆套筒做了单调拉伸试验，并利用Opensees软件对半灌浆套筒连接件反复加载模拟，运用Abaqus对半灌浆套筒连接件数值模拟，发现受力形式、破坏情况等都和试验较好契合。最终归类分析出半灌浆套筒的双折线本构模型（图3-2），并与试验结果进行对比，得到拟合公式式（3-1）。

（2）分别考虑套筒外壁和灌浆料的本构关系。在数值模拟中锚固钢筋以及套筒均可以按照钢材的本构关系取值，但是灌浆料的配合比要随具体情况做出调整，没有固定的本构关系，因此，在实际建模中通常采用普通弹塑性模型或参考高强混凝土的本构关系数据。

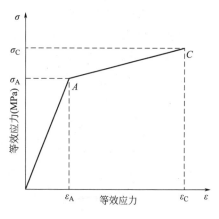

图 3-2　两折线本构关系图

$$\sigma_A=0.940 f_y+43.375$$
$$\sigma_C=0.69234 f_y+248.149$$

（3-1）

式中　f_y——钢筋屈服强度；

　　　σ_A——A点处等效应力；

　　　σ_C——C点处等效应力。

灌浆料与钢筋界面约束方式的选择，不同研究学者采用了不同的约束方式。王瑞等[92]将试件的破坏模式分为两种情况，其中，对于钢筋拉断破坏的试件，连接界面处使用绑定连接；对于钢筋刮犁式拔出破坏的试件，将灌浆料分为两个筒体，内筒、外筒之间用固结连接，钢筋与内筒之间用部分固结连接。王国庆等[93]将钢筋与灌浆料界面采用滑移粘结，分别在钢筋四角位置等效配置了4根弹簧单元，考虑到该种弹簧单元布置会产生应力集中现象，若减小弹簧单元直径将钢筋包围布置，试验效果则会更准确。周文君等[94]在利用ANSYS计算在ISO-834标准升温曲线作用下的钢筋套筒灌浆节点不同时刻的温度场分布时，默认忽略了钢筋和灌浆料之间的滑移作用。由此说明，在温度场等特别环境下的建模分析中，应该多次尝试，选出较为合适的约束形式。

随着灌浆套筒连接广泛应用，研究学者对灌浆套筒接头的适应性问题进行了分析和研究。研究的主要问题依旧是灌浆料在不同外界因素下的破坏形式。在高温作用下，接头的残余变形和火灾温度呈现正相关特点，破坏形式由钢筋拉断破坏转变为钢筋拔出破坏的临界温度为600℃[95]；在冻融循环作用下，接头随着循环次数的增加，承载力下降幅度加大，残余变形加大，钢筋与灌浆料之间的锚固性能变差[96]。

3. 灌浆套筒连接检测技术

在套筒生产完成之后，应由质量检测单位提供强度、质量检测说明。现场施工操作中，注浆工以全部出浆孔流出浆料作为判断灌浆套筒注浆完毕的依据。而灌浆完毕之后的浆液饱满度检测同样可以观察出浆口处浆液是否饱满。然而，在实际施工过程中，竖向套筒连接可能因为骨料粒径级配不均匀导致浆液无法充分填充，从而产生空洞或出现浆料未到达指定高度，致使该连接强度降低，水平连接套筒会因为不能排除套筒上壁空气，存在产生上部空洞的可能。基于此现象，众学者也相继提出了不同原理下的检测方法，以下对几种较为全面的灌浆套筒检测原理和检测方法进行说明。

（1）X射线检测技术

X射线检测技术是利用X射线的穿透作用穿过套筒壁和墙体等，在后面的接收板呈现出套筒内部灌浆料密实情况（图3-3）。X射线穿透强弱和管电压强度有关，分辨率和管电流强度有关。在功率一定的情况下，穿透厚度和投影的清晰度成反比。穿透混凝土和钢材则需要更强功率。X射线CT技术可以看清套筒内部密实度，但是对于双排套筒布置不能辨认[97]。由于仪器体积过大，不具备施工现场使用能力。张富文等[98]对此设计了一种便携式X射线检测技术，能够看清200mm厚的剪力墙中灌浆套筒的内部结构，但是同样要求套筒不能重叠布置。便携式X

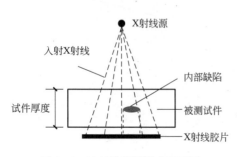

图3-3　X射线检测技术原理图

射线检测技术，理论上能够运用到施工现场，但是对于现场尺寸大于300mm的预制柱投射效果并不明显。常发生由于功率不够引发设备曝光、薄厚不等的部分画面的清晰度较差等现象。对此，赵广志等[99]提出利用相同灌浆料制作补偿块补充到柱脚较薄的一侧进行曝光（图3-4），以便解决清晰度问题。X射线器械在使用过程中会伴随放射性物质污染环境，同时对检测人员素质要求较高。目前，只有少量施工现场使用该技术检测灌浆套筒接头，仍然有待推广。

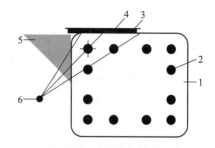

图3-4 补偿块示意图

1—预制柱；2—柱内灌浆套筒；3—铅板；4—平板探测器；5—补偿块；6—X射线源

（2）超声波检测技术

超声波检测技术是根据超声波在不同介质中的传播速度不同导致接收器接收时间不同，通过声时长短判定构件中出现空洞的情况。现场超声波的传播路径并不明确，抵抗干扰能力较差。对此，姜绍飞等[100]结合大量试验总结出超声波在灌浆套筒中三种传播路径（图3-5）。对于超声波检测具体适用情况，聂东来[101]等人通过对单个灌浆套筒以及预埋入剪力墙中套筒进行检测试验，最终可知超声波检测技术可以对单个灌浆套筒进行密实度检测，但对预埋入剪力墙中的灌浆套筒检测效果不明显，同样对于剪力墙中双排布设的灌浆套筒群检测效果不佳。

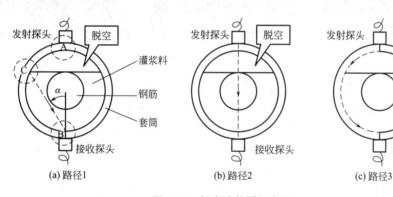

图3-5 超声波传播示意图

（3）钻孔内窥镜法

李向民等[102]在实验室和施工现场实践之后，提出了钻孔内窥镜法（图3-6）。该方法是在套筒出浆孔管道钻孔，然后沿孔道底部伸入内窥镜观测套筒顶部灌浆是否饱满；也可在套筒出浆孔与灌浆孔连线任意位置钻孔并钻透套筒壁，然后沿孔道底部伸入内窥镜观测套筒内部灌浆是否饱满。该方案操作简便，无需事先埋置元件。但在检测之后需要处理检测损伤，整体看来可以改进并应用于施工现场中。

（4）预埋钢丝拉拔法

高润东等[103]为加强施工现场灌浆套筒质量检测，提出了预埋钢丝拉拔法。该方法是灌浆前在套筒出浆孔处锚

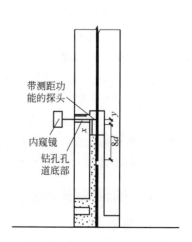

图3-6 钻孔内窥镜法示意图

入30mm深度、直径5mm的高强度钢丝（图3-7），待养护灌浆料3d后，由特定的拉拔设备（图3-8）将钢丝水平拉拔而出。该方式主要根据拉拔荷载值来判断灌浆饱满程度。试验人员分别用该检测方法在试验室和施工现场对预埋入剪力墙的半灌浆套筒进行试验（图3-9），均取得较为准确的结果。此外，根据预埋钢丝拉拔法的试验过程，可以在后续引入内窥镜法进一步提高检测精度，并推广于施工现场灌浆套筒的检测。

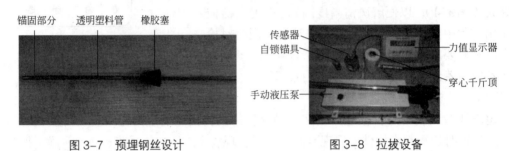

图3-7 预埋钢丝设计　　　　图3-8 拉拔设备

图3-9 现场施工现状

　　综上所述，灌浆套筒的缺陷原因主要是注浆高度不能达到要求或套筒内部出现空洞。同样，对于灌浆套筒的检测也分为两个方向：①通过投射或穿透方式，将套筒内部密实情况显现或以声信号或电信号的方式显现。主要体现在X射线法、超声波检测法以及尚未成熟的电阻法。这些方法的共同特点都是检测仪器体积较大，对检测技术操作要求较高。②通过出浆孔探查灌浆料的实际高度是否达到要求。主要体现在内窥镜法、预埋钢丝拉拔法等。这些方法的共同特点是操作简单，不需要过于笨重的仪器设备，但是可能出现检测损伤，改进之后，将会广泛应用于施工场地中。

　　（5）无损电阻法

　　谢焱南、曲秀姝[104]提出一种基于浆料中金属离子具有导电性的新型无损电阻法，新型无损电阻法由浆料连接装置和电阻测量装置两部分组成，其概念设计如图3-10所示。应用了预埋探针橡胶塞和三角限位器以提升检测精度，降低作业难度；应用快拆装置以提升施工效率，如图3-11所示。经初步研究验证，本检测方法具有较高准确度，且可根据检测结果及时补浆、无损修复，具有较高的实际应用价值。可适用于全灌浆套筒和半灌浆套筒，针对端部、中部及侧向缺陷形式均能够有良好的检测效果，具有较强的适用范围。

3.1.2 钢筋浆锚搭接连接

1. 概述

钢筋浆锚搭接连接是一种间接锚固的连接技术，主要适用于连接直径小于20mm的

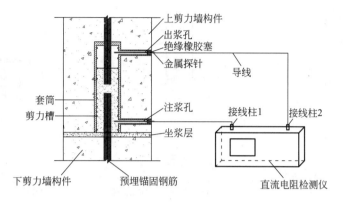

图 3-10　无损电阻法装置图

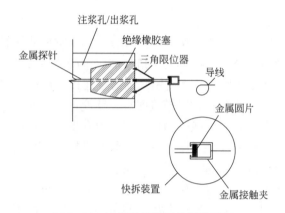

图 3-11　三角限位器及快拆装置图

HRB500 级预留钢筋。通常锚固长度不小于 8d，但当连接钢筋直径超过 20mm 时，锚固长度需要通过试验确定。浆锚搭接连接主要分为波纹管浆锚搭接（图 3-12a）、螺旋箍筋留洞浆锚搭接（图 3-12b）、套筒约束浆锚搭接（图 3-12c）。

波纹管浆锚搭接是指在预制构件中预先埋置金属波纹管，波纹管弯折至构件外表面后形成注浆孔。在使用过程中，需要将连接钢筋插入波纹管中，并且从注浆孔浇筑灌浆料，形成高强度接头。尹齐等[105]针对波纹管中灌浆料提出了"插入式预埋波纹管浆锚连接"，此方法凭借波纹管内部包裹的高强度砂浆的约束力来达到锚固作用，制作简单且锚固可靠度高。

螺旋箍筋留洞浆锚搭接是指在接头范围内将螺旋加强筋和构件钢筋一同埋入模板中，之后抽出钢筋形成带肋孔道以便于后插入钢筋的锚固，并在预制构件同侧预留灌浆孔和排气孔。施工时只需插入钢筋，待搭接钢筋与预埋钢筋搭接完成，再灌入无收缩、高强度灌浆料形成整体。

套筒约束浆锚搭接是指在接头范围内将金属套筒和钢筋一同埋入构件中，之后抽出钢筋形成空洞，待插入预留钢筋之后，通过灌浆孔注浆形成整体的连接方式。

浆锚搭接连接在装配式建筑中应用比较广泛，在合肥市滨湖桂园安置房建设中，外墙板的竖向连接均采用金属波纹管搭接连接，连接钢筋直径在 15～20mm 之间。此外，南京万科 15 层全预制装配框架公租房、沈阳建筑大学研究生公寓楼等装配整体式建筑，墙板的竖向钢筋连接中也使用了钢筋浆锚搭接连接，连接钢筋直径 10～30mm，并且连接接头质量较好。

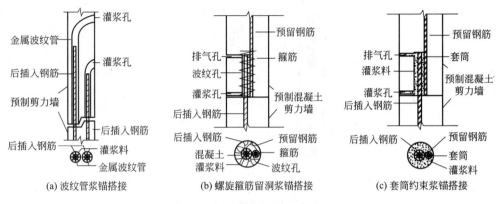

图 3-12 钢筋浆锚搭接形式

2. 试验研究现状

浆锚搭接主要用于竖向钢筋的连接，该连接方式属于钢筋非接触连接，施作过程中可以加入螺旋箍筋来缩短钢筋搭接长度。由于搭接部位钢筋的强度没有增大，因此这种连接方式不会影响塑性铰的位置变化[106]。使用浆锚搭接连接的构件能够实现"延性破坏，等同现浇"的节点强度。对于留洞性浆锚搭接而言，预埋带肋钢筋成孔技术较为复杂，成孔质量难以保障，预留孔在吊装时可能因为保护层过薄发生损坏，如果孔壁的质量不合格或有裂纹出现，则会影响钢筋的连接强度。另外，浆锚搭接对灌浆料要求比较高，对于波纹管浆锚搭接时水平接缝受力薄弱的特性暂时不能改善。

已有关于螺旋箍筋式浆锚搭接连接的试验主要针对接头自身的力学性能研究和用螺旋箍筋浆锚搭接连接的预制构件受力性能分析。当试件的搭接长度不小于基本锚固长度或箍筋间距为50～100mm时，破坏模式均为钢筋拉断破坏，不产生粘结滑移破坏。当搭接长度相同时，箍筋体积配筋率越小，产生初始裂缝时间越早，因此提高箍筋配筋率可以明显提高试件对钢筋的锚固作用[107]。

为研究套筒约束浆锚搭接接头内力变化，余琼等[108]通过改变搭接长度并测得套筒环向应变变化，发现接头的力-位移曲线屈服台阶不明显，绝大部分接头刚度小于对应钢筋的刚度，接头延性小于钢筋延性。实际应用中，由于接头周边有混凝土约束，可减少接头刚度和延性较弱的现象发生。总体来说，套筒约束浆锚搭接接头连接钢筋的极限承载力与单根钢筋相近。但是由于套筒约束，接头搭接长度大大减少。

为探究应用直螺纹套筒浆锚搭接连接钢筋的预制剪力墙受荷载后损伤情况，陈康等[109]对用该接头形式连接的预制剪力墙进行拟静力试验，试验发现，剪力墙主要的开裂形式以水平裂缝和斜裂缝为主，主要破坏形式为压弯破坏。钱稼如等[110]制作与地梁采用套筒浆锚连接的预制剪力墙试件，试验发现，预制墙试件混凝土被压碎、钢筋受拉屈服，和现浇墙试件具有相同的破坏形式。上述试验说明，套筒浆锚连接能够有效地传递竖向钢筋应力，并且预制墙试件的初始刚度与耗能情况和现浇墙试件一致。

3.1.3 挤压套筒连接

1. 概述

挤压套筒连接（图3-13）是将需要连接的带肋钢筋端部插入特制的钢套筒中，利用挤压机压缩钢套筒，使之产生塑性变形，通过变形之后钢套筒与带肋钢筋之间的机械咬合紧固来实现钢筋的连接。挤压套筒连接的使用范围是 16 ~ 40mm 的 Ⅱ、Ⅲ 级钢筋，分为径向挤压和轴向挤压两种。挤压套筒连接工艺稳定、施工方便、操作简单，操作人员无需专业知识，只需要短期培训，牢记施工要求就能够正常施工；接头的性能可靠，质量易于检查控制，且不受钢筋焊接性能好坏的影响；施工中没有明火产生，没有火灾的风险，适用于钢筋的任何位置连接。但是施工速度较慢、成本较

图 3-13　挤压套筒示意图

高、装置较笨重、工人劳动强度大，不适合高密度加工应用。

挤压套筒通常的施工工序分为两个流程，第一个流程是先在地面上把待连接钢筋的一端按要求与套筒的一半压好，第二个流程是在施工现场插入待连接钢筋后再挤压另一端套筒。施工要求钢筋端部不得有局部弯曲，不得有严重锈蚀和附着物；钢筋端部应有挤压后可检查钢筋插入深度的明显标记，钢筋端头离套筒长度中点不宜超过 10mm；挤压应从套筒中央开始，依次向两端挤压，挤压后的压痕直径或套筒长度的波动范围应用专用量规检验；压痕处套筒外径应为 0.8 ~ 0.9 的原套筒外径，挤压后套筒长度应为原套筒长度的 1.10 ~ 1.15 倍；挤压后的套筒不应有可见裂纹。

广东省新兴县惠能小学教学楼、黄冈中学新兴学校剪力墙预留钢筋采用钢筋挤压套筒连接，连接钢筋直径 22mm，钢筋型号为 HRB500，接头强度达到要求。该技术能够在装配式建筑建设中发挥优势。

2. 试验研究现状

当前，主要研究使用挤压套筒连接的构件破坏形式以及裂缝的状况，并且与现浇节点类比。为研究挤压套筒连接的剪力墙性能，李宁波[111]设计了剪力墙静力试验，并得出结论：钢筋套筒挤压连接的预制钢筋混凝土剪力墙主要以压弯破坏为主，边缘构件竖向钢筋受拉屈服、墙底两端混凝土受压破坏，套筒挤压连接能有效传递钢筋拉、压荷载作用。

为研究钢筋套筒挤压连接的装配整体式叠合梁–预制柱中节点破坏形式，赵作周[112]等设计 2 个装配式梁柱节点并对其进行拟静力试验，试验表明破坏形式主要为核心区剪切破坏和梁端弯曲破坏，并且破坏过程、裂缝分布均与现浇梁柱节点基本一致。

3.2　框架结构构造连接技术

预制装配式混凝土框架结构中，预制构件之间的合理连接方式及连接质量决定了结构的整体性能。因此，探寻更优质的连接形式是该领域的重点研究内容。

预制混凝土构件的连接主要包括叠合梁、叠合板、预制柱等构件之间的连接。本节主要参考《装配式混凝土建筑技术标准》GB/T 51231—2016、《装配式混凝土结构技术规程》JGJ 1—2014、《装配式多层混凝土结构技术规程》CECS604—2019 等相关规范，并且结合《装配式混凝土连接节点构造》15G310 对预制构件之间的连接方式以及接头形式作出说明。

3.2.1 叠合板构造连接

叠合板是由预制板和现浇混凝土板叠合而成的，预制板通常较薄，预制板中的主筋就是叠合板中的主筋，现浇混凝土层中配有构造钢筋和负弯矩钢筋。框架结构的叠合板连接主要包括本节说明的叠合板之间的连接以及下节说明的叠合板–叠合梁之间的连接。

和现浇混凝土相同的是，双对边支承的板或四边支承的板，长跨与短跨之比大于3时称作单向叠合板，根据弹性薄板理论的分析结果，当区格板的长边与短边之比超过一定数值时，荷载主要是通过沿板的短边方向的弯曲（及剪切）作用传递的，沿长边方向传递的荷载可以忽略不计，这时可称其为"单向板"。反之，比值小于3的板可以当成双向叠合板考虑，严格小于2的板则称为双向叠合板，在荷载作用下将在纵横两个方向产生弯矩，需沿两个垂直方向配置受力钢筋。

1. 单向板构造连接

对于单向板间连接而言，主要的接缝形式为分离式接缝，要求接缝处紧邻预制板顶面应配置垂直板缝的附加钢筋，要求钢筋伸入两侧后浇混凝土叠合层的锚固长度不能够小于$15d$（d为钢筋直径），钢筋直径不能够小于6mm、间距不能够大于250mm。分离式拼缝具有施工效率高、构造简单、施工方便的特点，板侧接缝常包括密拼接缝（图3-14a）和后浇小接缝（图3-14b）两种形式，并要求附加通长构造钢筋直径应不小于6mm，且间距不大于300mm。

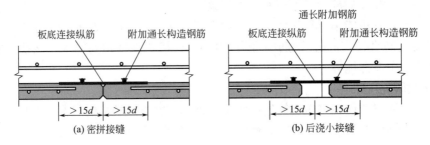

图 3-14　单向板接缝形式

2. 双向板构造连接

双向叠合板板厚应不小于80mm，接缝可以采用密拼接缝（图3-15）和后浇带形式（图3-16）。密拼接缝附加通长构造钢筋直径不应小于4mm，间距不应大于300mm。后浇带宽度不能够小于200mm。后浇带两侧板底纵向钢筋在后浇带中可以选择直线搭接（图3-16a）、135°弯钩连接（图3-16b）、90°弯钩搭接（图3-16c）、纵筋弯折锚固（图3-16d）。其中，纵筋弯折锚固是在折角处设置2根直径不小于6mm的通长构造钢筋。双向叠合板板侧的整体式接缝可以设置在沿叠合板的次要受力方向且能够避开最大弯矩截面的位置。

工程中双向板的使用频率一般多于单向板，双向板的拼缝连接质量关系着整体性，因此，对双向板拼缝性能的研究尤为重要。对此，何庆峰[113]将整体式接缝中的桁架钢筋改为马镫钢筋（图3-17），并对比前后受力性能变化，最终表明分离式拼缝叠合板易产生沿着叠合面的撕裂破坏，其附加钢筋容易发生局部滑移或者锚固失效。而改进之后的密拼缝

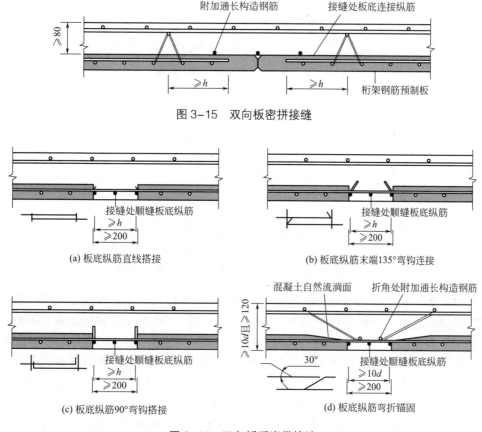

图 3-15　双向板密拼接缝

(a) 板底纵筋直线搭接

(b) 板底纵筋末端135°弯钩连接

(c) 板底纵筋90°弯钩搭接

(d) 板底纵筋弯折锚固

图 3-16　双向板后浇带接缝

能够限制裂缝发展。针对整体式接缝中钢筋整体性尚不够强度的情况，丁克伟等[114]研究了一种由预制板、钢筋、弯起钢筋、多功能限位器（图3-18）构成的现浇层新型拼缝结构，其中U形槽与弯起钢筋相连接，限位器的作用是准确控制了板厚与保护层的厚度，和拼接缝中的弯起钢筋形成桁架形式，能够加强拼接缝应力和弯矩的传递。

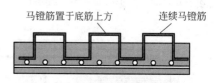

图 3-17　马镫钢筋布置图

3.2.2　叠合梁构造连接

　　叠合梁是两次浇筑的梁，第一次是在工厂浇筑的预制构件，待吊装固定后，再次浇筑形成整体。叠合梁的连接主要是主梁和次梁之间的连接，叠合梁板的连接分为板与不同位置的叠合梁之间连接。对于叠合梁的破坏形式和裂缝形式，通常要求和现浇梁保持一致。对叠合梁框架节点进行低周反复荷载的模型试验，对节点的特征要求同样是强柱弱梁，破坏形式为梁端受弯破坏，节点核心区可以出现少量细裂缝[115]。

1. 叠合梁间连接

（1）后浇带连接节点

后浇带连接是指在连接处设置后浇带或后浇槽口，后浇带的长度满足纵向钢筋连接作

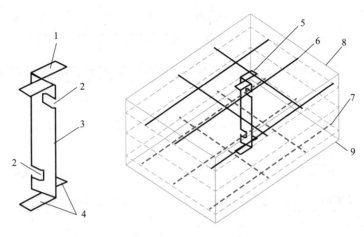

图 3-18　多功能限位器

1—上限面；2—U 形槽；3—连接体；4—下限面；5—多功能限位器；
6—上层钢筋；7—下层钢筋；8—现浇层；9—预制板

业的空间需求；梁下部纵向钢筋在后浇带内可采用机械连接、灌浆套筒连接或焊接；后浇带内的箍筋应加密，箍筋间距不应大于 $5d$（钢筋直径），且不应大于 100mm。在端部节点处，次梁下部纵向钢筋伸入主梁后浇段内的长度不能够小于 $12d$。次梁上部纵向钢筋应在主梁后浇段内锚固。梁间后浇带有在主梁预留后浇槽口、次梁端设置后浇带或次梁端设置后浇槽口三种形式。主次梁边节点同样可以在主梁预留后浇槽口或次梁设置后浇带。

　　梁中节点主梁采用预留后浇槽口连接时（图 3-19），次梁纵筋可水平弯折、竖向弯折或纵筋贯通布置。当纵筋水平弯折时，弯钩距次梁之间距离应大于 $12d$（d 为纵筋直径）；当纵筋竖向弯折时，钢筋弯折应大于 6°。此外，靠近主梁箍筋与主梁间距不应大于 50mm，次梁与纵筋弯折处间距不应小于 $12d$。

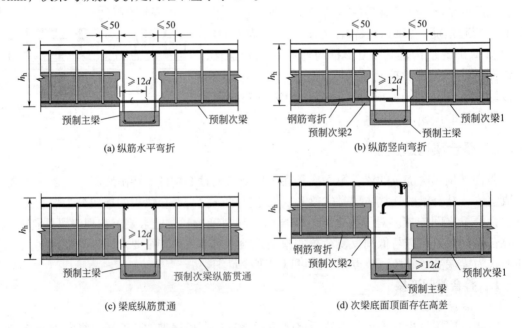

图 3-19　主梁预留后浇槽口（一）

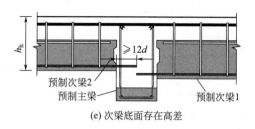

图 3-19　主梁预留后浇槽口（二）

次梁端设后浇段时（图3-20），钢筋可采用机械连接形式或灌浆套筒形式，后浇箍筋加密间距应小于5d（d为纵筋直径）且应小于100mm。

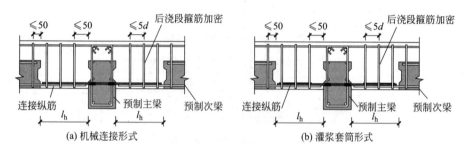

图 3-20　次梁端设后浇段

次梁端设槽口时（图3-21），可采用机械连接形式和间接搭接形式，同样要求后浇箍筋加密间距应小于5d（d为纵筋直径）且应小于100mm。

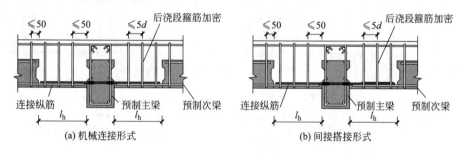

图 3-21　次梁端设槽口

对于叠合主次梁边节点，当采用主梁设置后浇槽口时（图3-22），纵筋可在梁角筋内弯折90°、弯折后锚固板锚固或通过附加U形横向钢筋锚固，当直段长度大于受拉钢筋锚固长度时，可以选择不弯折纵筋。

当在次梁端设置后浇带时，可在次梁端设置槽口（图3-23）。钢筋连接可采用机械连接、灌浆套筒连接等形式。要求钢筋弯折角度不大于9°，预埋入主梁内的钢筋接头不应小于12d。要求后浇箍筋加密区且箍筋间距应小于100mm和5d。

（2）钢企口－后浇连接节点

当次梁不直接承受动力荷载且跨度不大于9m时，可采用钢企口－后浇连接（图3-24），要求钢企口两侧应对称布置抗剪栓钉，预制主梁与钢企口连接处应设置预埋件，并且设置横向钢筋，次梁端部1.5倍梁高范围内，箍筋间距不应该大于100mm。

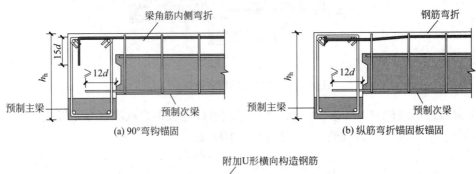

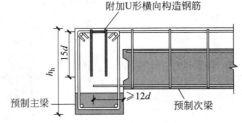

图 3-22　主梁预留后浇槽口

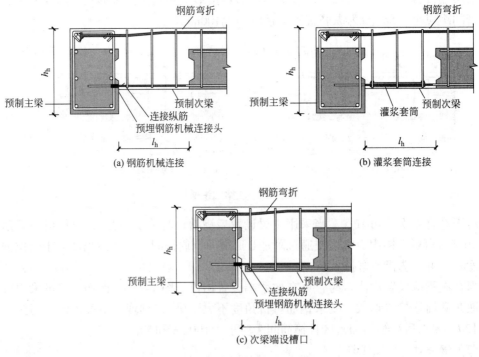

图 3-23　次梁端设后浇带

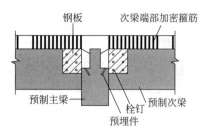

图 3-24　钢企口接头示意

（3）搁置式连接节点

对于边节点，搁置式连接节点包括钢牛腿连接、挑耳连接以及缺口梁连接（图 3-25）；对于中间节点，搁置式连接节点包括钢牛腿连接、挑耳连接以及牛担板连接（图 3-26）。

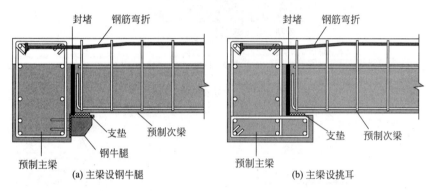

(a) 主梁设钢牛腿　　　　　　　　　　　(b) 主梁设挑耳

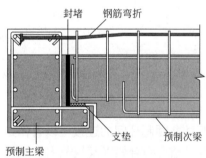

(c) 主梁设挑耳，次梁设缺口梁

图 3-25　主次梁边节点

2. 叠合梁–板连接

梁板节点分为板端边梁节点（图 3-27）和板端中间梁节点（图 3-28）两种形式。两种形式均要求板面纵筋在端支座应伸至梁外侧纵筋内侧后弯折，同样，当直段长度大于基本锚固长度时可不弯折。设置外伸板底纵筋时，梁边至梁中线距离应大于 5d；无外伸板底纵筋时，梁边至梁中线应大于 15d。附加通长构造钢筋直径大于 4mm，间距不大于 300mm。

3.2.3　预制柱构造连接

预制柱根据拼装形式的不同，可以分为由一根预制柱作主要支撑的单层预制柱和由多

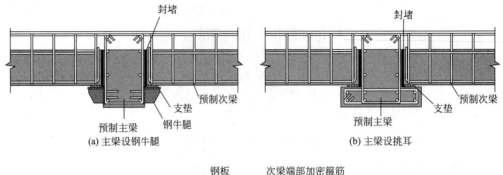

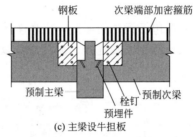

图 3-26　主次梁中间节点

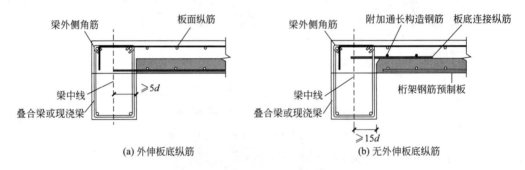

图 3-27　板端边梁支座

根预制柱拼装而成的多层预制柱。预制柱间的连接可以看作是多层预制柱的连接。本节主要介绍多层预制柱间连接，并且结合叠合梁以及规范内容对预制梁柱节点进行说明。

1. 预制柱间连接

相邻预制柱中纵筋之间的连接可以采用灌浆套筒连接、钢筋浆锚搭接连接以及挤压套筒连接。当上、下层相邻预制柱纵向受力钢筋采用挤压套筒连接时（图 3-29），套筒上端第一道箍筋距离套筒顶部不大于 20mm，柱底部第一道箍筋距柱底面不大于 50mm，箍筋间距不大于 75mm；抗震等级为一、二级时，箍筋直径不小于 10mm，抗震等级为三、四级时，箍筋直径不小于 8mm。

柱纵向受力钢筋在柱底采用套筒灌浆连接时，柱端箍筋加密区长度应小于纵向受力钢筋连接区域长度与 500mm 较小值；套筒上端第一道箍筋距套筒顶部应大于 50mm（图 3-30）。

为探究钢筋浆锚搭接应用于预制柱上的受力情况，卫冕等[116]对预制柱试件做了拟静力试验，发现预制柱的破坏形式与现浇柱基本一致，均为受拉区混凝土开裂、竖向钢筋

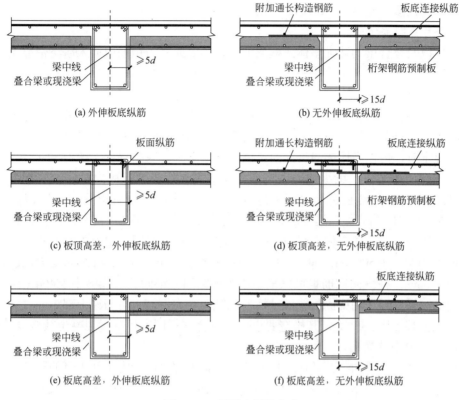

图 3-28　板端中间梁支座

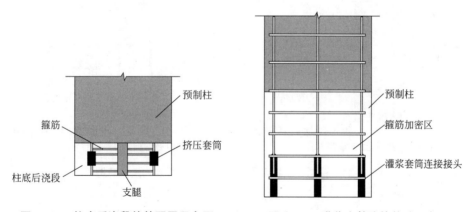

图 3-29　柱底后浇段箍筋配置示意图　　　　图 3-30　灌浆套筒连接构造示意图

受拉屈服、受压区混凝土压碎的受弯破坏。使用套筒浆锚连接能够有效传递竖向钢筋的应力，预制柱试件的刚度和耗能能力与现浇墙试件相当。

2. 预制梁柱连接

梁柱连接主要指框架结构中，框架梁和框架柱相交的节点核心区的连接，该连接主要承担上部荷载的弯矩、剪力和轴力。梁柱节点在地震中常会产生裂缝，威胁结构的安全，因此对预制梁柱节点的研究具有重要意义。根据梁柱节点的连接方式不同，可以将其分为两类：一类是装配式整体框架中最常用等同现浇的后浇带连接形式。另一类是牛腿连接形式，包括牛腿连接、螺栓－牛腿连接、附加钢筋－牛腿连接等。

（1）整体式框架节点

预制柱以及叠合梁的装配整体式框架节点，梁纵向受力钢筋应伸入后浇带节点区内锚固或连接。

对框架中间层中节点，节点两侧的梁下部纵向受力钢筋应锚固在后浇节点区内（图3-31a），也可以采用机械连接或焊接的方式直接连接（图3-31b）；梁的上部纵向受力钢筋应该贯穿后浇节点区；对框架中间层端节点，当柱截面尺寸不满足梁纵向受力钢筋的直线锚固要求时，可以采用锚固板锚固，也可以采用90°弯折锚固（图3-32）。

对框架顶层中节点，梁纵向受力钢筋都应锚固在后浇节点区内。柱纵向受力钢筋可以采用直线锚固；当梁截面尺寸不满足直线锚固要求时，也可以采用锚固板锚固（图3-33）。对框架顶层端节点，梁下部纵向受力钢筋也应该锚固在后浇节点区内，且需要采用锚固板的锚固方式。柱应伸出屋面并将柱纵向受力钢筋锚固在伸出段内（图3-34a），伸出段长度不能够小于500mm，伸出段内箍筋间距能够大于5d（d为柱纵向受力钢筋直径），且应大于100mm；柱纵向钢筋也可以采用锚固板锚固，锚固长度能够小于40d；梁上部纵向受力钢筋同样可以采用锚固板锚固；柱外侧纵向受力钢筋也可与梁上部纵向受力钢筋在后浇节点区搭接（图3-34b），其构造要求应该符合现行国家标准《混凝土结构设计规范》GB 50010—2010中的规定。

用预制柱及叠合梁的装配整体式框架节点，梁下部纵向受力钢筋也可伸至节点区外的后浇段内连接（图3-35），连接接头与节点区的距离应该小于1.5h（h为梁截面有效高度）。

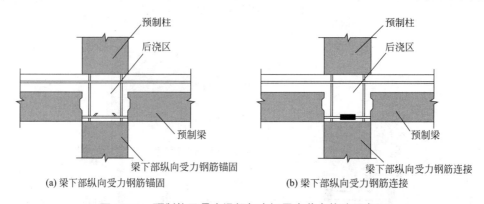

(a) 梁下部纵向受力钢筋锚固   (b) 梁下部纵向受力钢筋连接

图3-31　预制柱及叠合梁框架中间层中节点构造示意图

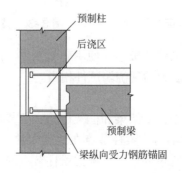

图3-32　中间层端节点构造示意图

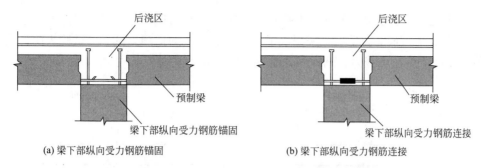

(a) 梁下部纵向受力钢筋锚固　　　　　(b) 梁下部纵向受力钢筋连接

图 3-33　预制柱及叠合梁框架顶层中节点构造示意图

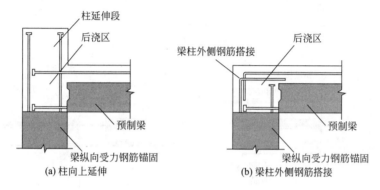

(a) 柱向上延伸　　　　　(b) 梁柱外侧钢筋搭接

图 3-34　预制柱及叠合梁框架顶层节点构造示意图

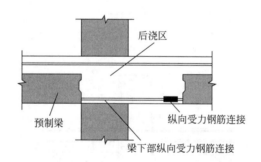

图 3-35　梁下部纵向钢筋在节点区外的后浇段内连接示意图

（2）牛腿连接形式

1）螺栓-牛腿连接

螺栓-牛腿连接可以分为全预制混凝土节点（图3-36a）和半预制混凝土节点（图3-36b）两种形式。使用螺栓-牛腿连接时，应该在梁底设置螺栓连接器与节点的预制钢筋连接，梁的上部纵筋可用机械与节点预埋钢筋连接。预埋钢筋在柱内应该得到可靠锚固，中间节点可贯穿柱面，边节点可弯折锚固。

2）附加钢筋-牛腿连接

附加钢筋-牛腿连接节点形式主要适用于无支撑装配式混凝土框架结构体系中，预制柱在节点下设置牛腿并且附加直钢筋以形成连接节点（图3-37）。在施工阶段，梁板均不设置支撑，因此所有荷载全部由预制构件承担。牛腿顶面与节点底面应保持在同一高度；

预制梁在牛腿上搁置长度不宜小于150mm；牛腿的承载力应满足施工阶段的要求且牛腿宽度不宜小于梁宽。东南大学近年来完成了对该节点形式的拟静力试验，试验表明，附加钢筋－牛腿连接节点在承载力、刚度和耗能方面均等同于现浇节点[117]。

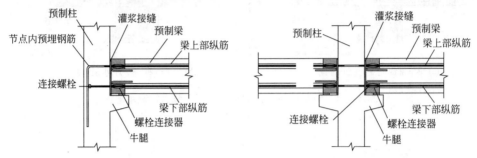

(a) 全预制混凝土节点

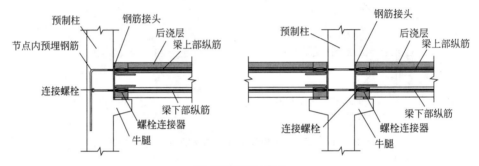

(b) 半预制混凝土节点

图 3-36　螺栓－牛腿连接节点

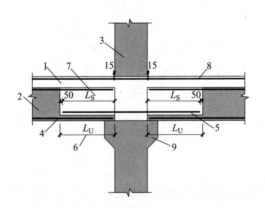

图 3-37　附加钢筋－牛腿连接节点

1—叠合层；2—预制梁；3—预制柱；4—预制梁底部纵向受力钢筋；5—U 形键槽内直钢筋；
6—U 形键槽长度；7—梁端 U 形键槽；8—梁端支座负筋；9—牛腿

3.3　剪力墙结构构造连接

剪力墙又可以称作抗风墙、抗震墙或结构墙。剪力墙是以钢筋混凝土为主要材质用于承担风荷载以及承受地震引起的水平荷载和竖向荷载的墙体，主要作用是防止结构受剪破坏。在某些部位现浇或装配预制钢筋混凝土剪力墙可增加结构的刚度、强度及抗倒塌能力。预制剪力墙的连接包括剪力墙间连接，剪力墙–预制柱连接，剪力墙–预制板连接，剪力墙–预制梁连接等。

3.3.1　剪力墙间连接形式

剪力墙间的接缝形式分为不同楼层间墙板的水平接缝连接以及相邻墙板之间的竖向接缝连接。水平接缝的关键点是纵筋的竖向连接，竖向接缝的关键点是水平分布钢筋的连接。规范中规定的竖向钢筋连接方式（图 3-38）为灌浆套筒连接、钢筋浆锚搭接连接、

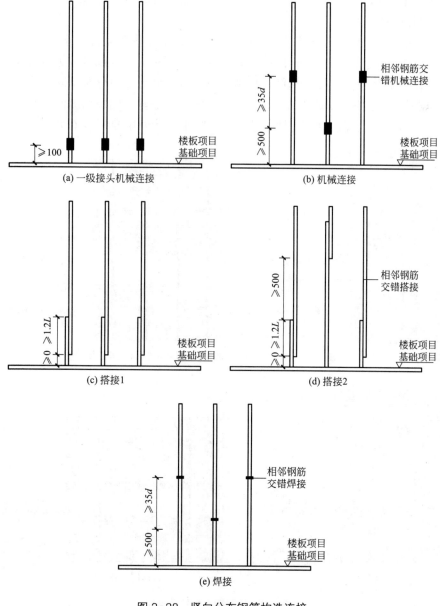

图 3-38　竖向分布钢筋构造连接

搭接和焊接等。其中，采用灌浆套筒连接时，可选择单排套筒连接或梅花形套筒连接，自套筒底部距楼板和基础应不小于100mm，且套筒长度应该满足套筒的构造要求；采用钢筋浆锚搭接时，墙体底部预留灌浆孔道直线段长度应该大于下层预制剪力墙连接钢筋伸入孔道内的长度。孔道上部应该根据灌浆要求设置合理弧度。

预制剪力墙底部接缝应设置在楼面标高处。接缝高度不应小于20mm，并且需要采用灌浆料填实，接缝处后浇混凝土上表面应该设置粗糙面。

当采用预埋金属波纹管成孔时，金属波纹管的厚度及波纹高度应该符合规定。当采用其他成孔方式时，应该对不同预留成孔工艺、孔道形状、孔道内壁的粗糙度或花纹深度及间距等形成的连接接头进行力学性能以及适用性的试验验证。剪力墙竖向分布钢筋连接长度范围内未采取有效横向约束措施时，水平分布钢筋加密范围内的拉筋应该加密。

1. 水平接缝连接形式

不同楼层之间的剪力墙构件上下连接需通过设置水平后浇带和水平后浇圈梁实现（图3-39），根据连接位置的不同可分为剪力墙边缘构件（图3-39a）和剪力墙构件连接，竖向钢筋均使用灌浆套筒连接，钢筋连接情况不同可以分为竖向分布钢筋逐根连接、部分连接以及抗剪钢筋的连接（图3-39b、c、d）。通常在下层剪力墙预留纵向分布钢筋，之后施作水平后浇带，将上部预制剪力墙吊装之后，水平接缝处用灌浆料填实。

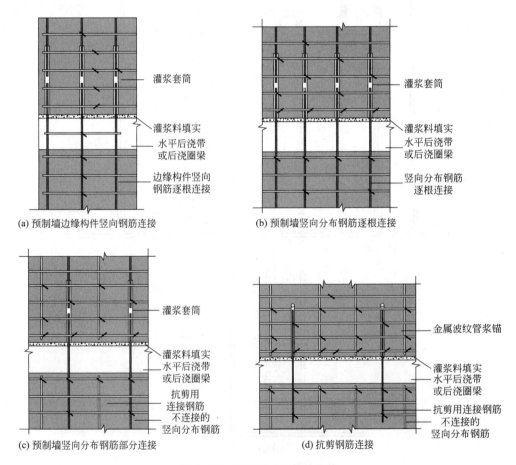

图 3-39　预制墙水平接缝连接

2. 竖向接缝连接形式

根据预制剪力墙竖向接缝中的水平分布钢筋加密或错位方式不同（图 3-40），可分为预留直线钢筋搭接、预留弯钩钢筋连接、预留 U 形钢筋连接、预留半圆形钢筋连接等。水平分布钢筋连接后应设置后浇带，并且后浇段的宽度不应该小于墙厚和 200mm，后浇段内布置 4 根直径不小于 8mm 的竖向钢筋。

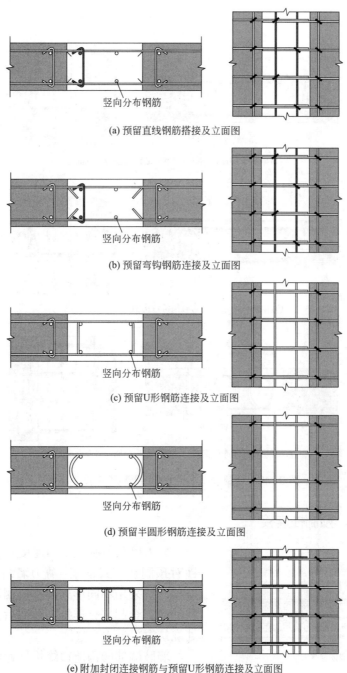

(a) 预留直线钢筋搭接及立面图

(b) 预留弯钩钢筋连接及立面图

(c) 预留 U 形钢筋连接及立面图

(d) 预留半圆形钢筋连接及立面图

(e) 附加封闭连接钢筋与预留 U 形钢筋连接及立面图

图 3-40　预制墙间水平分布钢筋构造连接（一）

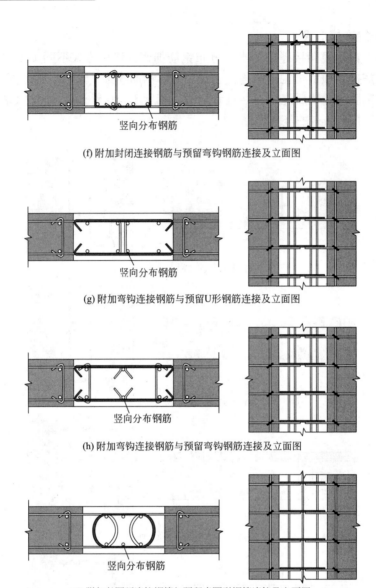

(f) 附加封闭连接钢筋与预留弯钩钢筋连接及立面图

(g) 附加弯钩连接钢筋与预留U形钢筋连接及立面图

(h) 附加弯钩连接钢筋与预留弯钩钢筋连接及立面图

(i) 附加长圆环连接钢筋与预留半圆形钢筋连接及立面图

图 3-40 预制墙间水平分布钢筋构造连接（二）

3.3.2 剪力墙-预制柱连接

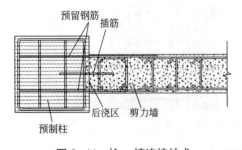

图 3-41 柱-墙连接技术

剪力墙与预制柱之间连接（图3-41）主要是针对预制装配式框架-剪力墙结构而言。柱-墙连接一般采用不同形式的预留钢筋或配置插筋把柱和墙组合起来，连接处预留后浇带，再在接缝处浇筑混凝土成为整体。

墙肢端部的构造边缘构件通常全部预制而成（图3-42）。当采用L形、T形或者U形墙板时，拐角处的构造边缘构件可全部在预制剪力墙中。

当采用一字形构件时，拐角处的构造边缘构件也可全部后浇。为满足构件的设计要求或施工方便，也可部分后浇部分预制。当构造边缘构件采用部分后浇部分预制时，需要合理布置预制构件及后浇段中的钢筋，使得边缘构件内部形成封闭箍筋。非边缘构件区域的剪力墙拼接位置，剪力墙水平钢筋可采用锚环的形式锚固在后浇段内，并且两侧伸出的锚环能够相互搭接。

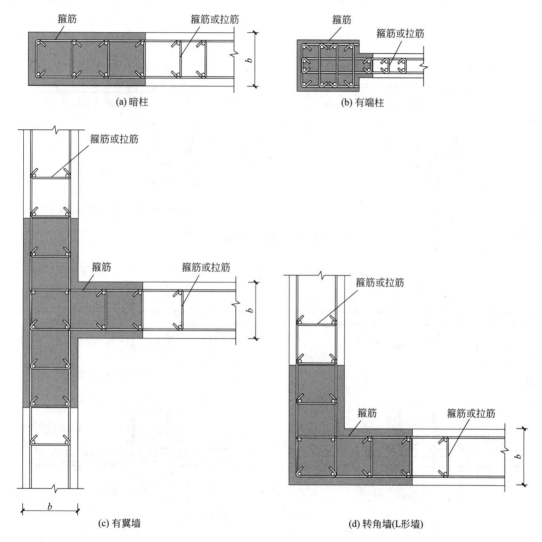

图 3-42　预制剪力墙后浇混凝土约束边缘构件示意

3.3.3　剪力墙-预制板连接

剪力墙与预制板间连接位置在剪力墙墙边与预制板端部时（图3-43），板面纵筋在支座伸至墙外侧、竖向纵筋内侧后应弯折，当直段长度大于基本锚固长度时可以选择不弯折。楼板底有外伸纵筋时，至少要伸到墙中线。无板面纵筋时，需配置直径大于4mm的通长构造钢筋，且间距不大于300mm。

剪力墙中间层与预制板连接时（图3-44），当两侧的板端外伸底板纵筋时，钢筋应该

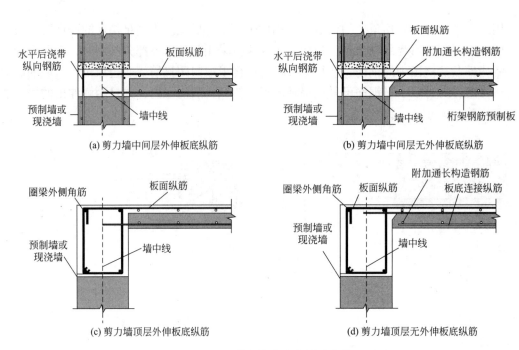

(a) 剪力墙中间层外伸板底纵筋

(b) 剪力墙中间层无外伸板底纵筋

(c) 剪力墙顶层外伸板底纵筋

(d) 剪力墙顶层无外伸板底纵筋

图 3-43　剪力墙边支座板端连接

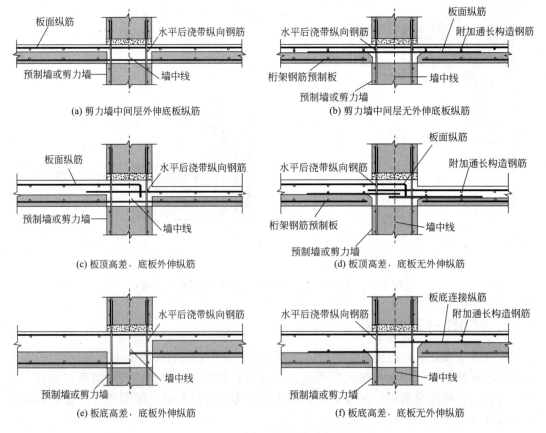

(a) 剪力墙中间层外伸底板纵筋

(b) 剪力墙中间层无外伸底板纵筋

(c) 板顶高差，底板外伸纵筋

(d) 板顶高差，底板无外伸纵筋

(e) 板底高差，底板外伸纵筋

(f) 板底高差，底板无外伸纵筋

图 3-44　中间层剪力墙中间支座

至少到墙中线或长度大于5d（d为外伸钢筋直径）；当两侧板端无外伸底板纵筋时，应该设附加直径大于4mm、间距小于300mm的附加构造钢筋；当板顶或板底两侧存在高差时，附加钢筋应距板顶不小于80mm。

剪力墙顶层与预制板连接时（图3-45），根据板是否留筋可分成有外伸板底纵筋和无外伸板底纵筋两种形式。剪力墙两侧板存在高差时，钢筋布设应同中间层布设钢筋一致。

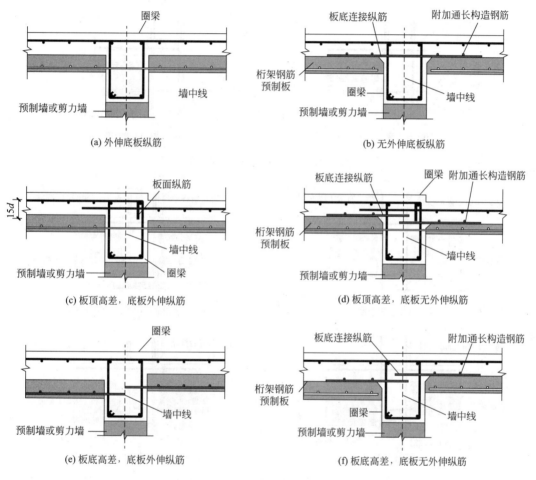

图 3-45　顶层剪力墙中间支座

3.3.4　剪力墙-预制梁连接

剪力墙与楼板梁之间平面外连接边节点时（图3-46），可采用后浇段连接或设置后浇槽连接。当采用后浇段连接时，竖向后浇带外侧水平钢筋内侧应弯折，预制梁可预留纵筋或通过机械连接不小于12d的附加钢筋（d为纵筋直径）。当采用后浇槽连接时，后浇槽口外侧水平钢筋内侧应弯折，且弯折长度不应小于15d。

梁平面外中间节点连接时（图3-47），应在预制梁两侧预埋机械连接接头，两侧连接纵筋应该伸入不小于12d（d为纵筋直径）。

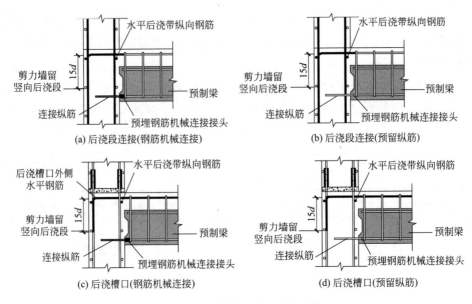

图 3-46 梁墙平面外边节点连接

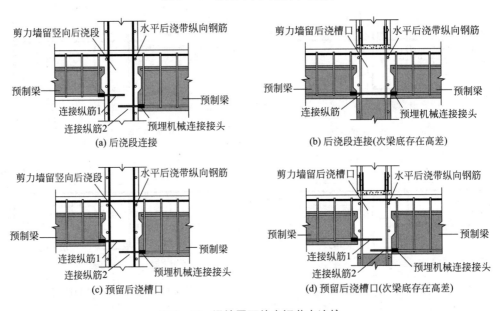

图 3-47 梁墙平面外中间节点连接

3.4 预制预应力构件连接技术及要求

预制预应力混凝土构件是指通过工厂生产并采用先张或后张预应力技术的各类水平和竖向构件。预制预应力混凝土构件的优势在于采用高强度预应力钢丝、钢绞线，可以节约钢筋和混凝土用量，并降低楼盖结构高度，施工阶段普遍不设支撑而节约支模费用，综合经济效益显著。预制预应力混凝土构件组成的楼盖具有承载能力强、整体性好、预制率较高、抗裂度高等优点，完全符合"四节一环保"的绿色施工标准，以及建筑工业化的发展要求。预应力梁柱节点主要包括先张预应力梁柱节点和自复位预应力梁柱节点，其中自复位预应力梁柱节点还包括混合连接框架节点、自复位消能连接节点、留孔式后张梁柱节点、PTED节点形式等。

3.4.1　先张预应力梁柱节点

先张法预应力叠合梁与柱的连接采用凹槽节点时（图3-48），凹槽的U形连接钢筋直径不应小于12mm，不宜大于20mm。凹槽内钢绞线在梁端90°弯折，弯锚长度不应小于210mm。U形连接钢筋的弯折半径不宜小于其直径的6倍，当双层布置时，内侧的U形连接钢筋的弯折半径不宜小于其直径的4倍。U形连接钢筋在边节点处钢筋水平长度未伸过柱中心时不得向上弯折。对框架顶层端节点，柱宜伸出屋面并将柱纵向受力钢筋锚固在伸出段内，柱纵向受力钢筋宜采用锚固板的锚固方式。

先张法预应力叠合梁与柱的连接采用无凹槽节点时（图3-49），U形连接钢筋直径不应小于12mm，不宜大于20mm。梁端后浇段内钢绞线靠近柱边90°弯折，弯锚长度不应小于

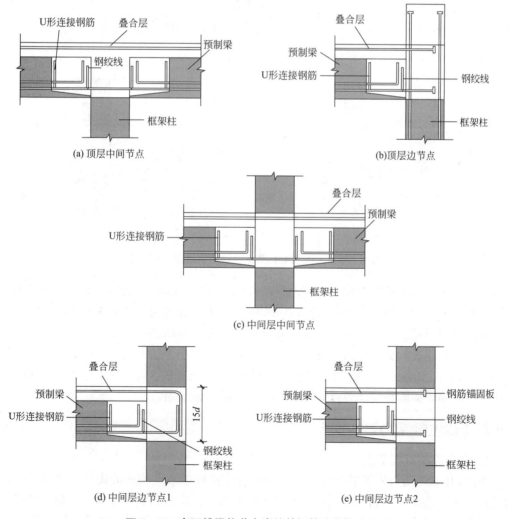

(a) 顶层中间节点

(b) 顶层边节点

(c) 中间层中间节点

(d) 中间层边节点1

(e) 中间层边节点2

图 3-48　有凹槽梁柱节点浇筑前钢筋连接构造图

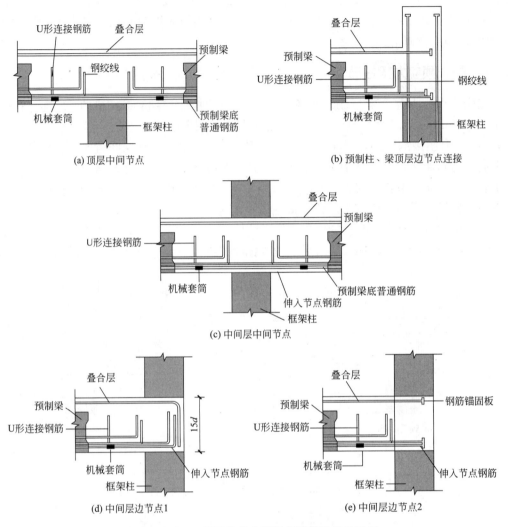

(a) 顶层中间节点

(b) 预制柱、梁顶层边节点连接

(c) 中间层中间节点

(d) 中间层边节点1

(e) 中间层边节点2

图 3-49　无凹槽梁柱节点浇筑前钢筋连接构造图

210mm，现场施工时应在梁端后浇段位置设置模板，安装梁端后浇段部位箍筋和U形钢筋后方可浇筑混凝土。U形连接钢筋在边节点处钢筋水平长度未伸过柱中心时不得向上弯折。

对框架顶层端节点，柱宜伸出屋面并将柱纵向受力钢筋锚固在伸出段内，柱纵向受力钢筋宜采用锚固板的锚固方式。伸出段内箍筋直径不应小于柱纵向受力钢筋的最大直径的1/4，伸出段箍筋间距不应大于柱纵向受力钢筋的最小直径的5倍，且不应大于100mm；梁纵向受力钢筋应锚固在后浇节点区内，且宜采用锚固板锚固。

3.4.2　自复位预应力梁柱节点

1. 混合连接框架节点

美国PRESSS项目研发的装配式预应力混合连接框架节点构造形式[118]（图3-50），采用后张拉无粘结预应力筋与内置耗能低碳钢筋连接。预应力筋穿过中轴线，耗能低碳钢筋则布置在梁的转动变形最大处（梁的上下侧），当发生地震时，柱发生侧移并伴随着梁的转动，预应力筋确保了结构的自复位能力，耗能低碳钢筋则在梁柱接触面开合过程中耗散地震能量。试验表明：内置耗能低碳钢筋能够为节点提供耗能能力，但耗能能力较小，节点强度较高，预应力筋能够提高构件的变形能力，结构整体的自复位性能好。

为解决混合连接框架节点耗能能力较小的问题，刘彬等[25]在原有模型的基础上，预制梁内部截面上下端设置耗能钢筋以提高耗能能力，并在梁端表面设置角钢来保护混凝土不被压碎（图3-51）。试验表明：改进之后的连接形式具有良好的变形能力，有利于通过整体转动来耗能，角钢的设置对梁端混凝土能够起到保护作用，保证梁端混凝土受压区不被破坏，同时耗能钢筋应力增大，通过梁柱开合以及耗能器变形可有效耗散地震能量。

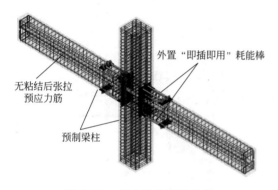

图 3-50　混合连接框架节点

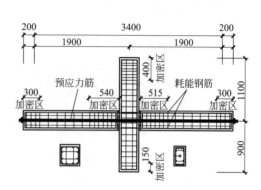

图 3-51　改进混合连接节点

2. 自复位消能连接节点

自复位消能连接节点（图3-52）基于Precast Seismic Structural System Program计划提出的无粘结后张装配式混凝土结构体系相应节点进行改进，梁柱滞回曲线呈双旗帜形，兼具自复位和耗能性能。通过拟静力试验验证，该类型节点刚度大、承载力高、变形能力和耗能能力均优于现浇节点。美国、新西兰等国家均对此类型节点进行了系统的理论分析、试验研究和工程应用，出台了相关规范和设计指南。[119]

3. 留孔式后张梁柱节点

梁中和梁柱节点部分预留孔道，后张拉预应力筋穿孔之后将梁柱连接在一起形成框架（图3-53），再进行孔道注浆。预应力筋分为两种：第一种是曲线和直线预应力筋，主要承担跨中弯矩作用；第二种是直线预应力筋，主要承担拼装构件和承受弯矩的作用。当跨度较小时，第二种直线预应力筋可以通长布置；跨度较大时，上部预应力筋可以在跨中断开再锚固。该结构形式抗震性能优秀[28]。韩建强等[29]在梁柱预留孔中安装钢绞线，并用高强灌浆料灌注接缝，分别在梁柱节点处安装角钢和阻尼器（图3-54）。安装角钢的构件，接缝处出现宽裂缝，角钢处混凝土被压坏。安装阻尼器的构件，梁端混凝土被压碎，卸载之后裂缝闭合。安装角钢和阻尼器对干燥混凝土构件具有良好的适用性。

4. PTED节点形式[120]

为了顺应建筑工业化的发展趋势，提高震后恢复能力，东南大学蔡小宁提出了一种基于顶底角钢耗能的新型自复位预应力预制装配框架节点（PTED节点，图3-55）。其中，梁柱均预制，梁柱节点和梁中节点部分预留预应力筋孔道和高强度螺栓孔道，预应力筋在孔道之内不做灌浆处理。该节点是通过预应力筋和高强度摩擦型螺栓将梁柱和顶底角钢连

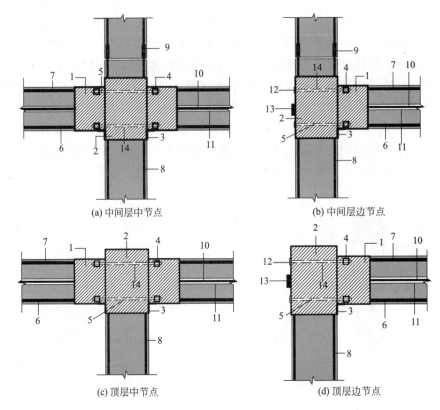

(a) 中间层中节点　　　　　　　　(b) 中间层边节点

(c) 顶层中节点　　　　　　　　(d) 顶层边节点

图 3-52　梁柱自复位消能连接节点形式

1—梁钢套；2—柱钢套；3—抗剪角钢；4—焊接锚板；5—可更换无粘结耗能钢棒；
6—梁下部钢筋；7—梁上部钢筋；8—柱纵筋；9—灌浆套筒；10—无粘结预应力钢绞线；
11—预埋钢绞线套管；12—焊接锚板；13—预应力锚具；14—预埋耗能钢棒套管

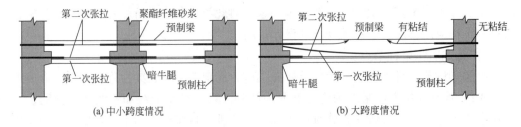

(a) 中小跨度情况　　　　　　　　(b) 大跨度情况

图 3-53　后张拉预应力框架结构示意图

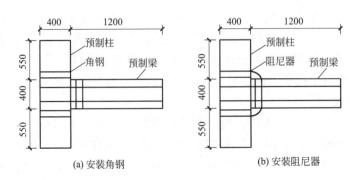

(a) 安装角钢　　　　　　　　(b) 安装阻尼器

图 3-54　预应力梁柱构件

接在一起形成的节点。预应力筋提供节点的自复位能力，角钢提供节点的耗能能力，使得节点残余变形远小于现浇节点，耗能能力增强，可修复性提升。

在侧向荷载作用下，由于梁端缝隙的张开（图 3-56），预应力筋合力增大，梁端角部产生较大的压应力，需在梁端附近采用约束混凝土。在预制梁构件中预埋角钢。采用高强度摩擦型螺栓连接角钢与梁、柱构件，为防止张拉螺栓引起混凝土柱的局部压碎，在耗能角钢与柱构件间设置垫板。梁端一定长度内设置了致密的焊接钢筋网片，可以有效约束受压区混凝土，从而提高梁柱连接处的屈服强度和转角延性。

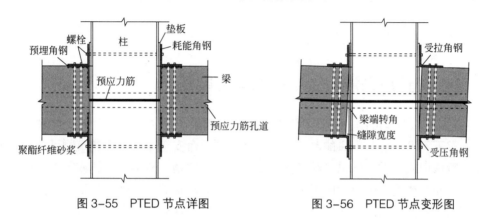

图 3-55　PTED 节点详图　　　　　　　图 3-56　PTED 节点变形图

第4章 装配式预应力混凝土结构设计及性能研究

4.1 装配式预应力混凝土结构力学性能概述

"小震不坏、中震可修、大震不倒"为我国抗震设防的"三水准"设防要求，具体内容为：大震下不发生危及生命的严重破坏，即达到生命安全；中震下建筑物可能有一定损坏，经一般修理或不需修理仍可继续使用；小震时建筑物一般不受损坏或不需修理仍可继续使用。然而，在抗震设防烈度等级地震下，大多数建筑因构件破损严重、维修复杂、修复费用高而不得不拆除。如何通过较低成本实现建筑在地震作用下破坏可控、结构构件损伤小且易于维修，是土木工程需要解决的重要问题之一。已有的实践和研究表明，装配式混凝土结构中采用无粘结预应力筋、耗能钢筋及耗能装置是实现地震作用下破坏可控及解决应易于维修等问题的有效方法之一。

装配式预应力混凝土框架结构一般采用混合连接方式将预制混凝土构件组成整体受力体系。混合连接是指预制构件同时采用后张无粘结预应力筋和耗能钢筋（或耗能装置）进行连接，其中无粘结预应力筋提供部分受弯承载力，并保证结构的变形恢复能力；在外力撤去后，结构的顶点侧向位移能够逐渐恢复到零，在地震作用下，梁柱结合面发生开合，在开合界面设置的内置钢筋（或外置装置）可耗散地震能量。

采用无粘结预应力筋及耗能钢筋的装配式预应力混凝土框架梁柱节点，如图4-1所示。其中，预应力筋采用无粘结筋，在地震中无粘结预应力筋保持弹性，由于预应力的作用，使得结构回到地震前未发生变形时的位置，整体具有良好的自复位能力。耗能钢筋采用满足抗震性能的普通钢筋，设置于梁顶和梁底，穿过框架节点预制柱预留孔道，填充砂浆锚固；为充分发挥钢筋耗能作用，在靠近结合面的一定区段内钢筋与混凝土设置为无粘结。地震作用下，梁柱节点区域附近会发生梁柱张开与闭合的现象，耗能钢筋在承受交替拉压作用过程中发生屈服，发挥耗能作用。

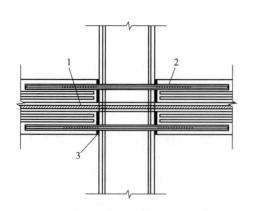

图4-1 采用无粘结预应力筋及耗能钢筋的
装配式预应力混凝土框架梁柱节点[121]
1—无粘结预应力筋；2—带局部无粘结段的
耗能钢筋；3—结合面含纤维砂浆

装配式预应力混凝土框架结构体系是同时采

用无粘结预应力筋及耗能部件的低损伤框架结构体系。理论上，理想情况下混合连接结构体系的耗能部件耗能和预应力筋的自复位机制可以通过"旗帜形"滞回曲线来表述，其实际抗震性能、滞回环形状可通过改变自复位预应力筋和耗能部件承担的弯矩比例来改变，如图4-2所示。其中，无粘结后张预应力钢筋提供了自复位的性能及一定比例的受弯承载力，布置在截面内部的耗能钢筋或者外部的耗能装置，提供了耗能能力及剩余比例的受弯承载力。

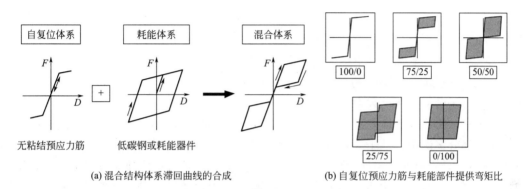

(a) 混合结构体系滞回曲线的合成　　(b) 自复位预应力筋与耗能部件提供弯矩比

图 4-2　混合结构体系滞回曲线[122]

4.2　后张拉预应力混凝土结构设计要求

4.2.1　一般规定

装配式预应力混凝土框架结构的建筑平面应简单、规则、对称，质量和刚度分布宜均匀。结构竖向构件布置宜上下连续，应避免抗侧力构件的侧向刚度和承载力沿竖向突变。装配式预应力混凝土结构的平面和竖向布置应严于普通装配式混凝土结构。不规则的建筑会出现较多的非标准构件，且内力复杂，一般不适宜采用装配式预应力混凝土结构。

本书中装配式预应力混凝土框架结构的梁截面设计、内置耗能钢筋或外置可更换耗能器参考PRESSS设计手册[122]和《预应力混凝土结构抗震设计标准》JGJ/T 140-2019[123]确定。

4.2.2　设计计算要求

（1）初步设计

预制梁的受弯承载力可由下式进行计算：

$$\varphi M_n = \varphi A_s f_y (h_0 - a'_s) \geqslant M_b^* \qquad (4-1)$$

式中　A_s——钢筋总面积（mm^2）；

　　　f_y——增项钢筋抗拉强度设计值（N/mm^2）；

　　　h_0——截面有效高度（mm）；

　　　a'_s——受压区纵向普通钢筋合力点到截面受压边缘的距离（mm）；

　　　M_b^*——梁端设计弯矩（$N \cdot mm^2$）；

φ——设计强度折减系数。

结合 PRESS 手册[122]中关于后张拉连接的设计案例，对内置耗能钢筋的计算公式进行改进，以适用于外置可更换耗能器的计算。在该方案中，用于混合连接系统包括后张无粘结预应力筋、内置耗能钢筋或外置耗能器的具体情况，结构的等效黏滞阻尼取决于复位率 λ：

$$\lambda = \frac{M_p + M_N}{M_s} \geqslant \alpha_0 \qquad (4-2a)$$

$$M_{total} = M_p + M_N + M_s \qquad (4-2b)$$

式中　M_p——无粘结预应力筋贡献的受弯承载力（N·mm²）；

M_N——轴向载荷作用下的受弯承载力贡献（N·mm²）；

M_s——耗能部件贡献的受弯承载力（N·mm²）；

M_{total}——全部受弯承载力（N·mm²）；

α_0——提供一个应变硬化限额和内置耗能钢筋加固的名义材料强度，$\alpha_0 = 1.15$。

在大部分案例中，基于保守设计，复位率取 $\lambda = 1.25$，可以对结构提供更大的保护。参照 PRESSS 设计手册的弯矩比参数 α_{OTM} 和 β_{OTM}，这里 α_{OTM} 是后张拉预应力筋（加轴向载荷）的弯矩贡献比，β_{OTM} 是内置耗能钢筋弯矩贡献比，根据美国规范 ACI T1.2-03[124]规定：内置耗能钢筋的弯矩贡献比不应超过 0.5。

$$\alpha_{OTM} = \frac{M_{pt} + M_N}{M_{total}} = \frac{\lambda}{\lambda+1} = 0.56 \qquad (4-3)$$

$$\beta_{OTM} = \frac{M_s}{M_{total}} = \frac{\lambda}{\lambda+1} = 0.44 \qquad (4-4)$$

因此，后张法预应力混合连接需要 56% 的等效无粘结后张拉预应力和 44% 的等效整体方案（无预应力普通梁方案）。故通长筋及内置耗能钢筋配筋面积减少到 44%。

后张拉预应力筋承担 56 的截面设计弯矩要求，计算公式如下所示：

$$\varphi M_p \geqslant M_b^* \cdot 56\% \qquad (4-5)$$

$$\varphi M_p = \varphi T_p \cdot j_d \qquad (4-6)$$

$$T_p \geqslant \frac{M_b^* \cdot 56\%}{\varphi \cdot j_d} \qquad (4-7)$$

式中　T_p——后张拉预应力筋的合力（kN）；

j_d——梁截面内部杠杆臂（mm）。

j_d 的值可通过估算质心的位置产生的混凝土压力 C 来确定。

$$j_d = 0.5h\left(1 - \beta_1 \frac{x_0}{h}\right) \qquad (4-8)$$

式中　x_0——梁截面受压区高度（mm）；

β_1——混凝土受压区等效矩形应力图系数；

h——预制混凝土梁截面高度（mm）。

预应力筋的个数 n_p 由下式计算：

$$n_p \geqslant \frac{T_p}{90\% \cdot A_p f_{ptk}} \qquad (4-9)$$

式中　A_p——无粘结预应力筋总截面面积（mm^2）；

　　　f_{ptk}——无粘结预应力筋极限强度标准值（N/mm^2）。

在确定预应力筋个数之后，则要确定预应力筋的初始张拉力，每根钢筋的初始张拉力需要根据预应力筋在结构达到设计位移时的拉力与混合连接梁柱开口间隙引起的拉力增量的差异来确定（图4-3）。

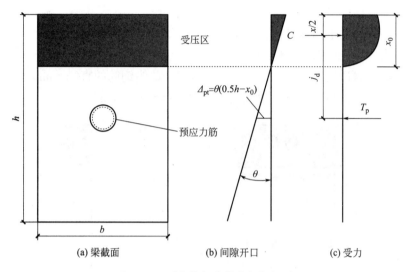

(a) 梁截面　　　　　(b) 间隙开口　　　　　(c) 受力

图 4-3　后张拉部分的内部杠杆臂

假设预应力筋位于梁的中心处，无粘结预应力筋在梁柱结合面缝隙张开时的附加应变ε_{pt}由下式给出：

$$\varepsilon_{pt}=\frac{n\cdot\varDelta_{pt}}{L_{ups}}=\frac{n\cdot\theta\,(0.5h-x_0)}{L_{ups}} \tag{4-10}$$

式中　n——沿梁方向无粘结预应力筋长度范围内梁柱结合面开合缝隙数量；

　　　$\varDelta_{pt}$——由间隙开口引起的钢筋伸长（mm）；

　　　L_{ups}——预应力筋的无粘结长度（mm），后张拉预应力筋在锚具之间均为无粘结时，

　　　　　L_{ups}可取锚具之间的距离（mm）；

　　　θ——梁柱结合面转动角度（rad）。

梁的转角θ由下式计算：

$$\theta=\frac{\theta_d}{1-\dfrac{h_c}{L_p}} \tag{4-11}$$

式中　L_b——无粘结预应力筋穿过的梁的长度（mm）；

　　　h_c——无粘结预应力筋穿过的柱截面宽度（mm）。

因此，初始后张力是通过从设计位移中的力扣除预应力筋拉力的总增量来定义的：

$$\Delta T_{pt,initial}=T_p-\Delta T_p \tag{4-12}$$

$$\Delta T_p=E_p\varepsilon_{pt}n_pA_p \tag{4-13}$$

式中　E_p——预应力筋的弹性模量（N/mm^2）。

（2）设计验算

1）内置耗能钢筋拉伸验算

位移极限状态下，内置耗能钢筋的应变 ε_s 根据平面变形假定由下式计算：

$$\varepsilon_s=\frac{\Delta_s+2/3\cdot l_{sp}\cdot\varepsilon_y}{L_u+2l_{sp}} \tag{4-14}$$

$$\Delta_s=\theta\cdot(h_0-x_0) \tag{4-15}$$

式中 Δ_s——极限状态下内置耗能钢筋的伸长率，如图4-4所示；

ε_y——内置耗能钢筋屈服应变；

l_{sp}——应变渗透长度（mm），$l_{sp}=0.0217f_yd_b$，d_b 为钢筋的直径（mm）；

L_u——邻近梁柱结合面处，耗能钢筋的无粘结长度（mm）。

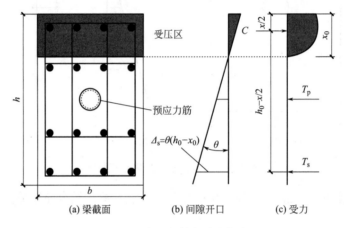

图4-4 混合后张拉部分内部变形

内置耗能钢筋的总拉力为：

$$T_s=f_sA_s \tag{4-16}$$

$$f_s=f_y\left[1+r\left(\frac{\varepsilon_s}{\varepsilon_y}-1\right)\right] \tag{4-17}$$

式中 r——双线性屈服后刚度系数；

ε_s——受拉内置耗能钢筋的应变；

f_s——受拉内置耗能钢筋的应力（N/mm²）。

2）内置耗能钢筋压缩验算

内置耗能钢筋处于压缩状态时内置耗能钢筋的应变量由下式计算，压缩时要保证耗能钢筋不屈服：

$$C'_s=f'_s\varepsilon'_s \tag{4-18}$$

$$f'_s=E_s\varepsilon'_s \tag{4-19}$$

$$\varepsilon'_s=\frac{\Delta'_s+2/3\cdot l_{sp}\cdot\varepsilon_y}{l'_{ub}+2l_{sp}} \tag{4-20}$$

式中 Δ'_s——受压内置耗能钢筋的伸长率；

ε_s'——受压内置耗能钢筋的应变；

f_s'——受压内置耗能钢筋的应力（N/mm^2）。

3）混凝土应变验算

混凝土压缩应变由下式给出：

$$\varepsilon_c = \left[\frac{\theta \cdot L_{\text{cant}}}{\left(L_{\text{cant}} - \dfrac{L_p}{2} \right) \cdot L_p} + \phi_y \right] \cdot c \tag{4-21}$$

式中　ε_c——极端纤维的混凝土压缩应变；

L_{cant}——从柱面到梁反弯点（悬臂长度）的距离（mm），$L_{\text{cant}} = 0.5 (L_b - h_c)$；

L_p——等效加强的整体截面的塑性铰链长度（mm），$L_p = 0.08 L_{\text{cant}} + l_{sp} \geqslant 2 l_{sp}$；

ϕ_y——等效整体截面的屈服曲率，$\phi_y = 2.0 \dfrac{\varepsilon_y}{h_b}$。

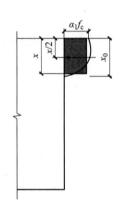

图 4-5　混凝土受压区
等效矩形应力图

作为低损伤装配式预应力结构设计，外部有加固构件防止混凝土压碎脱落，因此，整个截面采用均匀受压混凝土模型，如图 4-5 所示。

则混凝土压应力合力 C 为：

$$C = \alpha_1 f_c b x \tag{4-22}$$

式中　α_1——混凝土受压区等效矩形应力图系数；

b——梁截面宽度（mm）；

f_c——预制构件混凝土轴心抗压强度设计值（N/mm^2）；

x——混凝土受压区高度（mm）。

低损伤装配式预应力结构的受力关系应满足以下平衡关系：

$$C = C_s' + T_s + T \tag{4-23}$$

若不平衡或差距较大，可由下式修正梁截面受压区高度：

$$x_0 = \frac{T_p + T_s + C_s'}{\alpha_1 \cdot f_c \cdot \beta_1 \cdot b} \tag{4-24}$$

根据下式截面力矩，并与 M_b^* 进行对比。

$$\varphi M_n = \varphi \left[T_p \left(d_{\text{pt},i} - \frac{x}{2} \right) + T_s \left(h_0 - \frac{x}{2} \right) + C_s' \left(a_s' - \frac{x}{2} \right) \right] \tag{4-25}$$

式中　$d_{\text{pt},i}$——无粘结预应力筋到混凝土边缘的距离（mm）。

（3）内置耗能钢筋设计

内置耗能钢筋位于梁内部，一般位于梁上下两侧，其计算与梁截面内配置钢筋相似，计算公式为：

$$A_s \geqslant \frac{M_b^* \times 0.44}{f_y h_0} \tag{4-26}$$

式中　h_0——截面有效高度（mm）。

（4）外置可更换耗能器计算

外置可更换耗能器的混合连接截面的旋转机制如图4-6所示，其中为保证发挥其耗能能力，内部耗能钢筋的中部设置耗能段（截面削弱段），耗能段长度限制为：

$$L \leqslant \frac{\varDelta_s}{\delta_0} \tag{4-27}$$

$$\varDelta_s = \theta \cdot (h_0 + h_{p\&p} - x_0) \tag{4-28}$$

$$\delta = \frac{L - L_0}{L} = \frac{\varDelta_s}{L} \geqslant \delta_0 \tag{4-29}$$

式中　δ_0——伸长率；

$h_{p\&p}$——外置可更换耗能器中心到混凝土边缘的距离（mm）；

　L——耗能钢筋拉伸后长度（mm）；

　L_0——耗能钢筋拉伸前长度（mm）。

同时，耗能钢筋的长细比应满足抗震结构杆件长细比限值的要求。

$$\lambda = \frac{l_0}{i} = \frac{l_0}{\sqrt{\dfrac{I}{A}}} = \frac{l_0}{\sqrt{\dfrac{\pi \cdot D^4}{64 \cdot A}}} < [\lambda] \tag{4-30}$$

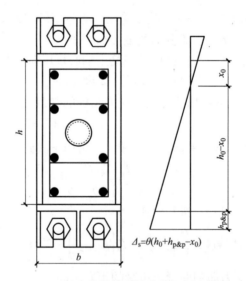

图 4-6　混合连接截面的旋转机制分析图

（5）梁的斜截面验算

装配式预应力混凝土框架结构的受剪承载力计算公式：

$$V_f = \mu_f C \tag{4-31}$$

式中　V_f——梁柱结合面摩擦受剪承载力（kN）；

　C——梁柱结合面混凝土压力（kN）；

　μ_f——梁柱结合面的摩擦系数，在已硬结混凝土面上打毛时取0.6，粗糙面取1.0。

4.3 外置可更换耗能器耗能机理研究

4.3.1 外置可更换耗能器循环拉伸耗能机理研究

1. 试件设计

为实现真正的低损伤易维修结构体系，近年来有关学者研制出外置可更换耗能器，如在美国PRESSS项目里提出的"plug and play"耗能器，这种耗能装置经济性较高，在实际工程中易于安装，且震后易于更换和维修。实际工程中，在预制梁端及柱端可转动节点处安装该外置可更换耗能器［梁柱节点处（图4-7a）、柱脚处（图4-7b）］，作为结构在地震作用下最薄弱环节，该装置可以有效减轻框架结构梁柱构件的损伤。

(a) 梁柱节点处 (b) 柱脚处

图 4-7 外置可更换耗能器安装位置示意图[122]

针对上述提出的耗能装置，在原有构造基础上进行了材料改进和局部优化设计。外置可更换耗能器由内部的耗能钢筋（两端螺纹处理，中间段削弱）和外部的约束系统（钢管和灌浆料）组成，内部核心耗能钢筋由钢管和灌浆料进行约束，以防止耗能钢筋屈曲。耗能钢筋的削弱段是"耗能段"，为了保证耗能段的变形性能，在耗能段作无粘结处理，使得耗能段和灌浆料之间可以相互滑动。在非削弱段设置粘结层。外置可更换耗能器设计图见图4-8[125]，通过外置可更换耗能器反复拉伸试验，验证该装置在反复拉伸过程中的滞回性能、耗能机制，研究外置可更换耗能器尺寸对其耗能性能的影响。

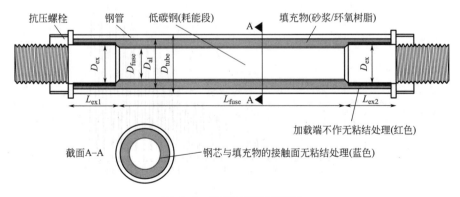

图 4-8 外置可更换耗能器

对丁外置可更换耗能器几何参数的分析，主要研究的几何参数包括：耗能段长度、耗能段直径、D_{ex}/D_{fuse} 的比值。其耗能段长度有100mm、150mm 和 200mm 三种；耗能段直径设计了细（14mm/15mm）、中（20mm）、粗（25mm）三类；D_{ex}/D_{fuse} 的比值有1.93/1.8、1.35 和 1.08 三类。所有耗能器的钢管直径相同，填充料的厚度随着耗能段直径的变化而变化，耗能钢筋两端（加载端）的直径和长度都相同。外置可更换耗能器设计参数见表4-1。

外置可更换耗能器设计参数表　　　　　　　　表 4-1

试件组号	试件编号	D_{ex}	D_{fuse}	L_{ex}	L_{fuse}	λ_{fuse}	λ_{tot}	$D_{int,tube}$	$D_{ex,tube}$	L_{tube}
	T-L100D14	27	14	100	100	28.6	14.7	37	43	300
T-L100	T-L100D20	27	20	100	100	20	14.8	37	43	300
	T-L100D25	27	25	100	100	16	14.6	37	43	300
	T-L150D14	27	14	100	150	42.8	22.1	37	43	350
T-L150	T-L150D20	27	20	100	150	30	22.2	37	43	350
	T-L150D25	27	25	100	150	24	21.9	37	43	350
	T-L200D15	27	15	100	200	53.3	29.4	37	43	400
T-L200	T-L200D20	27	20	100	200	40	29.6	37	43	400
	T-L200D25	28	25	100	200	32	29.2	37	43	400

注：表中的字母含义，见图4-8，D_{ex} 为耗能器端部直径；D_{fuse} 为耗能段直径；L_{ex} 为加载端长度；L_{fuse} 为耗能段长度；λ_{fuse} 为耗能段长细比；λ_{tot} 为外置可更换耗能器等效长细比；$D_{int,tube}$ 为钢管内径，$D_{ex,tube}$ 为钢管外径；L_{tube} 为钢管长度。

2. 试验加载

试验加载方案参考PRESSS设计手册[122]的加载方式，采用位移控制加载制度，每个周期循环3次，第三组试件的加载制度如图4-9所示，试验工况见表4-2。

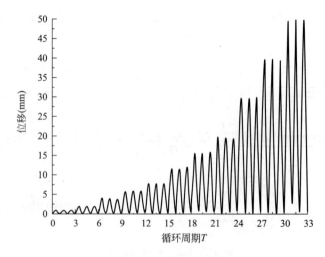

图 4-9　外置可更换耗能器加载制度

位移控制加载方案表 表 4-2

加载等级	T–L100（mm）	T–L150（mm）	T–L200（mm）	加载速度（mm/s）
1	0.5	0.75	1	0.1
2	1	1.5	2	0.1
3	2	3	4	0.1
4	4	6	8	0.2
5	6	9	12	0.2
6	8	12	16	0.2
7	10	15	20	0.3
8	15	22.5	30	0.3
9	20	30	40	0.3
10	25	37.5	50	0.3

外置可更换耗能器试验的加载采用30t的TSM作动器，外置可更换耗能器一端安装在加载板上，另一端用螺栓固定在支座上，加载装置如图4-10所示。

本试验布置了2个位移计来测量两个端部的相对位移，最终位移取2个位移计测量值的平均数，以此来减少试验中微小偏心带来的误差，另外布置了2个应变片测量耗能钢筋的应变和约束钢管表面的应变，测点布置如图4-11所示。

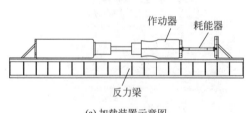

(a) 加载装置示意图　　　　　　　　(b) 加载装置实物图

图 4-10　加载装置

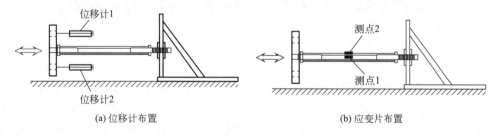

(a) 位移计布置　　　　　　　　(b) 应变片布置

图 4-11　测点布置图

3. 试验结果分析

（1）破坏形态分析

外置可更换耗能器在加载过程中表现为受拉破坏，加载到一定的位移后，内部耗能

图4-12 外置可更换耗能器的加载过程示意图

钢筋伸长，端板脱离钢管，并在加载过程中有一些灌浆料从钢管开口处掉落。端部的螺纹段出现了一定的伸长量，其中耗能段直径25mm的外置可更换耗能器最为明显，因此，直径25mm的外置可更换耗能器的破坏主要发生在加载端的螺纹段，如图4-12所示。

外置可更换耗能器破坏形态分析：

1）9个外置可更换耗能器的破坏情况符合预期，外置可更换耗能器结构的破坏主要集中在内部的耗能钢筋上，外部的钢管没有出现大的变形，砂浆由于反复挤压产生些许破碎，破坏形态如图4-13所示（左图的外置可更换耗能器破坏图与右图的内部耗能钢筋变形图一一对应）。

2）把外置可更换耗能器外部钢管剖开，如图4-13的右图所示，可以观察到内部耗能钢筋的破坏形态：耗能段直径为20mm及20mm以下的耗能钢筋出现明显的颈缩和变形（图中圈出部位为破坏位置），而耗能段直径为25mm的耗能钢筋的细部几乎没有出现明显的颈缩现象，但是其端部的螺纹出现了过大的变形，端部螺纹的最大伸长量超过了20mm，也说明了耗能段直径为25mm的外置可更换耗能器设计有一定缺陷。

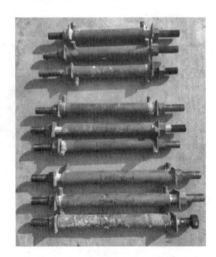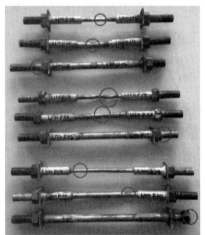

图4-13 外置可更换耗能器的破坏及内部特写

（2）滞回曲线

反复拉伸试验共试验了9根构件，分为3组，经过试验加载，读取试验机上的荷载-位移数据，绘出滞回曲线。第一组为耗能段长度$L=100$mm的外置可更换耗能器，滞回曲线如图4-14所示；第二组为耗能段长度$L=150$mm的外置可更换耗能器，滞回曲线如图4-15所示；第三组为耗能段长度$L=200$mm的外置可更换耗能器，滞回曲线如图4-16所示。

从图4-14～图4-16中可以看出，外置可更换耗能器的滞回曲线较为饱满，在反复拉伸荷载作用下大致经历4个阶段：线弹性阶段→非线弹性阶段→材料拉伸非线性阶段→材料压缩非线性阶段。所有的试件都表现为受拉破坏，从内部耗能钢筋的变形图可以看出，

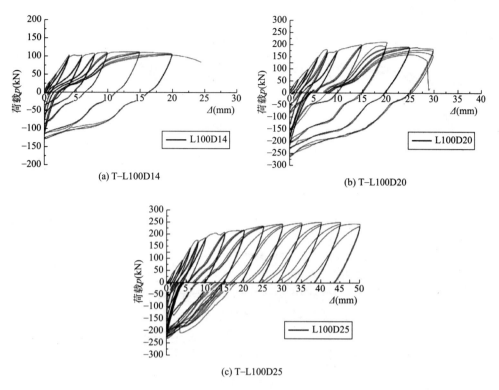

图 4-14　第一组外置可更换耗能器的滞回曲线

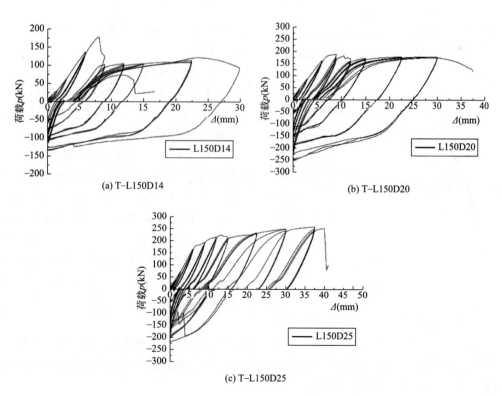

图 4-15　第二组外置可更换耗能器的滞回曲线

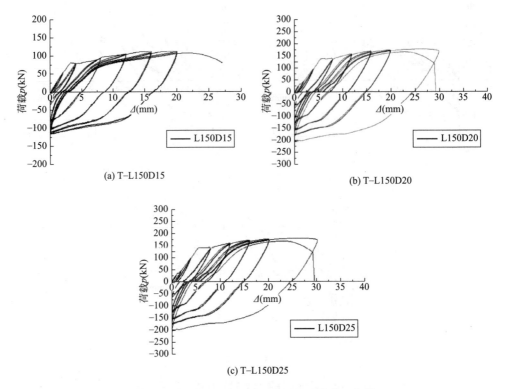

(a) T–L150D15　　　　　　　　　　(b) T–L150D20

(c) T–L150D25

图 4-16　第三组外置可更换耗能器的滞回曲线

滞回曲线十分饱满，耗能能力较好，但对于耗能段直径为 25mm 的外置可更换耗能器，由于加载端螺纹段的变形量较大，滞回曲线出现滑移现象。

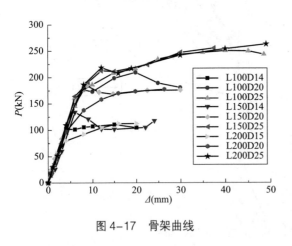

图 4-17　骨架曲线

（3）骨架曲线

根据定义，取每一圈滞回曲线的最高点坐标连线形成骨架曲线，9个试件的骨架曲线如图4-17所示。

由图可知，试件的初始刚度基本相同，在加载初期所有外置可更换耗能器的骨架曲线重合在一起，因为此时粘结层还没有破坏，耗能钢筋和约束系统处于协同工作状态。不同长细比的外置可更换耗能器，骨架曲线的分离度不是很明显，耗能段直径对骨架曲线的承载力和屈服点起到决定性作用。

（4）耗能能力

外置可更换耗能器的耗能能力可由每一圈滞回环的面积及能量耗散系数 E 来衡量[126]，经计算得到试件的耗能–位移曲线如图4-18所示，初始阶段耗能能力都是呈指数增大的，所有试件都表现出了较好的耗能能力。

由图4-18可以得出，外置可更换耗能器的耗能能力随着荷载的增大而增大，不同长细比的外置可更换耗能器对耗能性能的影响主要体现在耗能段直径上，长细比大的外置可更换耗能器的耗能能力较好。由图4-19可得，在加载初期，耗能系数E都是增加的，到了加载后期，直径25mm的外置可更换耗能器却出现下降，耗能性能严重下降，说明耗能段直径和加载端直径的差距太小，耗能钢筋无法充分发挥材料的变形性能来进行耗能。

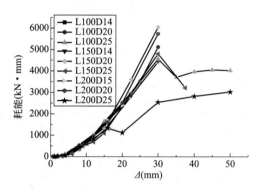

图 4-18　耗能 - 位移曲线

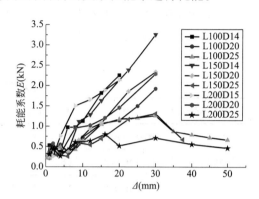

图 4-19　耗能系数 E- 位移曲线

（5）位移延性

位移延性作为衡量结构抗震性能的一个重要指标也不容忽视，延性的好坏可通过延性系数 μ 来衡量，即构件的破坏位移 Δ_u 与屈服位移 Δ_y 之比。

延性系数　　　　　　表 4-3

试件编号	加载方向	屈服位移点		峰值荷载点		破坏位移点		延性系数
		P_y（kN）	y（mm）	P_m（kN）	m（mm）	P_u（kN）	u（mm）	
L100D14	正向	93	4.0	110.7	15	94.1	22.8	5.7
L100D20	正向	160	8.0	209.7	19.8	178.2	30	3.75
L100D25	正向	210	15.0	250	40	212.5	50	3.33
L150D14	正向	118	5.7	119	23.5	101	28.9	5.07
L150D20	正向	154	6.5	176	29.9	149.7	34.7	4.60
L150D25	正向	217	13.5	255.5	35.5	217.2	41	3.04
L200D15	正向	74	4.0	112.4	16	95.5	25.4	6.35
L200D20	正向	126	8.1	176.1	29.9	149.7	34.7	4.3
L200D25	正向	204	13.5	263.1	49.8	223.6	55	4.16

注：P_y、P_m、P_u 分别为构件的屈服荷载、峰值荷载和破坏荷载；y、m、u 分别为构件的屈服位移、峰值位移和破坏位移。

由表4-3可知，外置可更换耗能器的位移延性随着耗能段长细比的增大而增大，延性系数大致在3～6之间，延性较为理想，能满足结构的变形需求。在实际应用时，若想增大外置可更换耗能器的延性，可以考虑进一步削弱耗能段，增大 D_{fuse} 和 D_{ex} 的差值，当 $D_{ex}/D_{fuse} \geqslant 2$ 时，位移延性会显著增大。

4.3.2　外置可更换耗能器循环拉压耗能机理研究

1.　试件设计

本试验通过外置可更换耗能器循环拉压试验（低周反复荷载），验证该装置在循环拉压过程中的滞回性能、耗能机制，研究不同长细比、不同耗能段削弱程度对其耗能性能的影响，设计时耗能钢筋的加载采用统一直径，加载方式一致，外置可更换耗能器设计参数见表4-4。

外置可更换耗能器设计参数表　　　　　　　　　　表 4-4

试件组号	试件编号	D_{ex}	D_{fuse}	L_{ex}	L_{fuse}	λ_{fuse}	λ_{tot}	$D_{int,tube}$	$D_{ex,tube}$	L_{tube}
TC-L100	TC-L100D14	27	14	100	100	28.6	14.7	37	43	300
	TC-L100D20	27	20	100	100	20	14.8	37	43	300
	TC-L100D25	27	25	100	100	16	14.6	37	43	300
TC-L150	TC-L150D14	27	14	100	150	42.8	22.1	37	43	350
	TC-L150D20	27	20	100	150	30	22.2	37	43	350
	TC-L150D25	27	25	100	150	24	21.9	37	43	350
TC-L200	TC-L200D15	27	15	100	200	53.3	29.4	37	43	400
	TC-L200D20	27	20	100	200	40	29.6	37	43	400
	TC-L200D25	27	25	100	200	32	29.2	37	43	400

注：表中的字母含义，见图 4-8，D_{ex} 为加载端直径；D_{fuse} 为耗能段直径；L_{ex} 为加载端长度；L_{fuse} 为耗能段长度；λ_{fuse} 为耗能段长细比；λ_{tot} 为外置可更换耗能器等效长细比；$D_{int,tube}$ 为钢管内径，$D_{ex,tube}$ 为钢管外径；L_{tube} 为钢管长度。

2.　试验加载

对外置可更换耗能器施加低周反复荷载（循环拉压荷载），常用低周反复加载方案有三种[7]：荷载控制加载方案、位移控制加载方案、荷载-位移混合控制加载方案。本试验加载控制时用位移控制加载方案，每一级加载循环3次，其中第三组外置可更换耗能器的位移控制加载制度如图4-20所示。

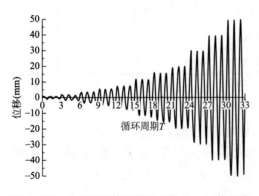

外置可更换耗能器试验的加载采用50t的TSM作动器，外置可更换耗能器一端安装在加载板上，另一端用螺栓固定在支座上，为了防止加载过程中出现的偏心，在加载板上设置一个滑槽，来阻止作动器端头的侧移，加载装置如图4-21所示。

本试验布置了2个位移计来测量两个端部的相对位移，另外布置了2个应变片来测量耗能钢筋的纵向应变和外部约束钢管表面的纵向应变，测点布置如图4-22所示。

图 4-20　外置可更换耗能器反复拉压加载制度

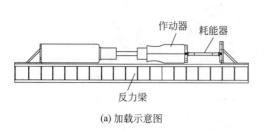

(a) 加载示意图

(b) 加载装置实物图

图 4-21　加载装置

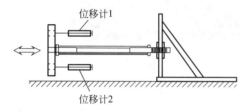

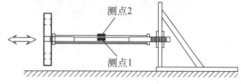

图 4-22　测点布置图

3. 试验结果分析

（1）破坏形态分析

外置可更换耗能器在反复拉压荷载作用下，表现为整体屈服破坏，外置可更换耗能器端部的变形也较大，较大的变形导致内部灌浆料的破损较为严重。加载过程中出现较多的灌浆料脱落情况。外置可更换耗能器的变形情况如图4-23所示。

图 4-23　外置可更换耗能器的破坏形态

9个外置可更换耗能器最终均为弯曲破坏，内部耗能钢筋还没有出现被拉断的现象，外置可更换耗能器结构外部的钢管出现大的变形。外置可更换耗能器整体及内部耗能钢筋的破坏形态如图4-24所示（左图的外置可更换耗能器破坏图与右图的内部耗能钢筋变形图从上到下一一对应）。对于耗能钢筋耗能段直径不大于20mm的外置可更换耗能器，耗能钢筋的变形集中在耗能段，说明长细比较小的外置可更换耗能器屈曲变形更加明显。TC-L200D15外置可更换耗能器由于作了灌浆料灌浆不密实处理，削弱了防屈曲约束钢管的约束力，该外置可更换耗能器出现较大的弯曲变形，承载力下降明显，说明外置可更换耗能器约束系统对受力性能具有重要影响。

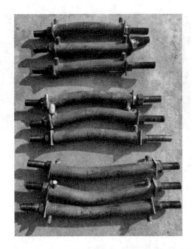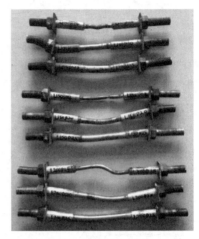

图4-24 外置可更换耗能器的破坏及耗能钢筋变形

（2）滞回曲线

经过反复拉压试验加载，读取采集仪上的关于9个试件的荷载-位移数据，绘制滞回曲线。第一组为耗能段长度 $L=100mm$ 的外置可更换耗能器，滞回曲线如图4-25所示；第二组为耗能段长度 $L=150mm$ 的外置可更换耗能器，滞回曲线如图4-26所示；第三组为耗能段长度 $L=200mm$ 的外置可更换耗能器，滞回曲线如图4-27所示。

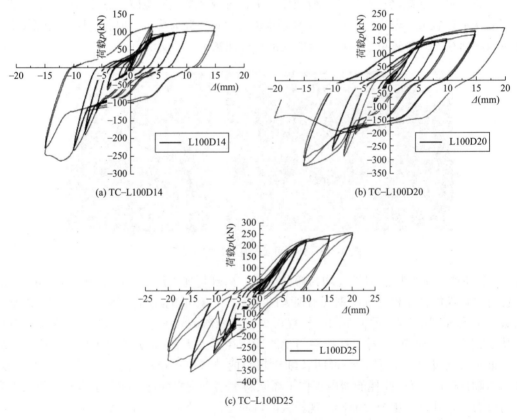

图4-25 第一组外置可更换耗能器的滞回曲线

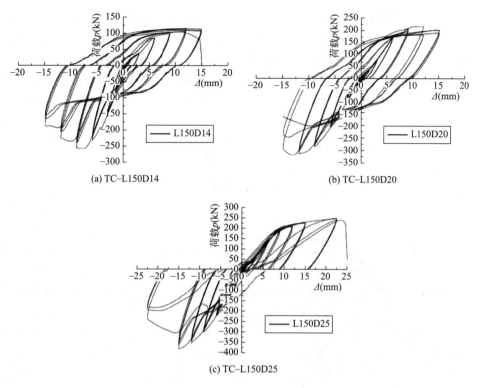

(a) TC–L150D14　　　(b) TC–L150D20

(c) TC–L150D25

图 4-26　第二组外置可更换耗能器的滞回曲线

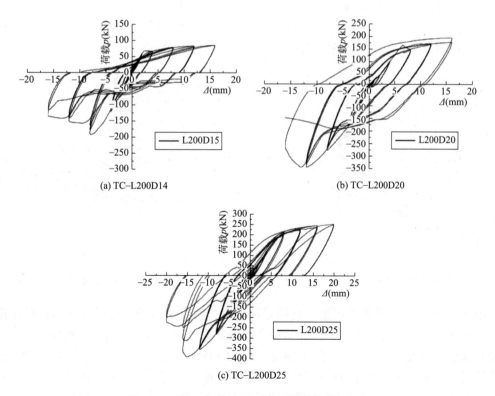

(a) TC–L200D14　　　(b) TC–L200D20

(c) TC–L200D25

图 4-27　第三组外置可更换耗能器的滞回曲线

根据试验的滞回曲线和试验破坏形态，可以看出，外置可更换耗能器在滞回荷载作用下大致经历4个阶段：线弹性阶段→非线弹性阶段→材料拉伸非线性阶段（外置可更换耗能器的耗能性能增大）→材料压缩非线性阶段（约束钢管发挥约束作用）。

从图4-25～图4-27可以看出，外置可更换耗能器的滞回曲线十分饱满，耗能能力较好，对于耗能段直径14～20mm的试件，其变形主要集中在削弱段，没有出现滑移现象（x轴上的水平位移）。对于耗能段直径25mm的试件，端部螺纹段的变形量较大，出现滑移现象，破坏没有集中在削弱段，滞回曲线上的滑移段较大，导致耗能能力有所下降。

（3）骨架曲线

通过试验的滞回曲线提取9个试件的骨架曲线，如图4-28所示。

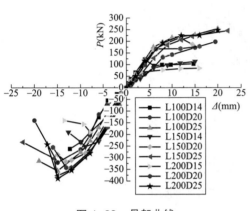

图4-28 骨架曲线

由图4-28可知，耗能段直径较小的外置可更换耗能器初始刚度小一些，由于反复拉压的疲劳作用，粘结层有些许破坏，但耗能钢筋和约束钢管还处于协同工作阶段，而粘结层破坏后，外置可更换耗能器刚度明显变小。从正负两个加载方向来比较，压缩刚度明显大于拉伸刚度。骨架曲线的下降段主要集中在负向位移的加载后期，表现为受压破坏。构件的正向承载力较为稳定，负向受压承载力约为受拉承载力的1.5～2倍。

（4）耗能能力

9个外置可更换耗能器的数据曲线，耗能能量-位移图如图4-29所示、耗能系数E-位移图如图4-30所示。

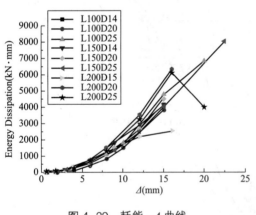

图4-29 耗能-Δ曲线

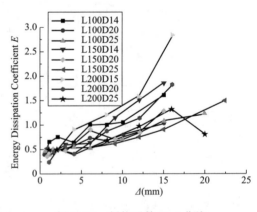

图4-30 耗能系数E-Δ曲线

由图4-29可得，在外置可更换耗能器屈服前，试件为准弹性阶段，此时试件耗散的能量值基本为零，试件屈服后，耗能值呈类似指数形式增长，耗能能力不断提高，整体的耗能性能较为优越，但外置可更换耗能器TC-L200D15表现得不是很理想，耗能能力增长较为缓慢，这是由于该外置可更换耗能器约束系统被削弱所致（灌浆不密实）。

由图4-30可得，直径D14的外置可更换耗能器的耗能系数E最大，耗能段直径越细的外置可更换耗能器，其耗能系数 E 越大。直径较粗的外置可更换耗能器虽然耗能能量值较大，但是耗能系数较小，说明直径较粗的外置可更换耗能器无法发挥材料的变形性能，增大耗能段直径与加载端耗能钢筋直径的差值可以增大外置可更换耗能器的耗能能力。

（5）位移延性

位移延性可有效判别外置可更换耗能器的变形性能，可通过延性系数 μ 来进行衡量。延性系数见表4-5。

<table>
<tr><td colspan="8" style="text-align:center">延性系数</td><td>表 4-5</td></tr>
<tr><td rowspan="2">试件编号</td><td rowspan="2">加载方向</td><td colspan="2">屈服位移点</td><td colspan="2">峰值荷载点</td><td colspan="2">破坏位移点</td><td rowspan="2">延性系数 μ</td></tr>
<tr><td>P_y（kN）</td><td>Δ_y（mm）</td><td>P_m（kN）</td><td>Δ_m（mm）</td><td>P_u（kN）</td><td>Δ_u（mm）</td></tr>
<tr><td rowspan="2">TC-L100D14</td><td>正</td><td>86.2</td><td>3.7</td><td>102.9</td><td>15.0</td><td>102.9</td><td>15.0</td><td>4.05</td></tr>
<tr><td>负</td><td>−236.0</td><td>−10.2</td><td>−261.8</td><td>−12.3</td><td>−222.5</td><td>−16.0</td><td>1.57</td></tr>
<tr><td rowspan="2">TC-L100D20</td><td>正</td><td>131.0</td><td>8.1</td><td>197.3</td><td>19.5</td><td>197.3</td><td>19.5</td><td>2.41</td></tr>
<tr><td>负</td><td>−263.7</td><td>−10.0</td><td>−320.5</td><td>−15.0</td><td>−272.4</td><td>−17.0</td><td>1.7</td></tr>
<tr><td rowspan="2">TC-L100D25</td><td>正</td><td>175.5</td><td>5.9</td><td>253.8</td><td>20</td><td>253.8</td><td>20.0</td><td>3.39</td></tr>
<tr><td>负</td><td>−235.7</td><td>−8.5</td><td>−356.1</td><td>−15.0</td><td>−302.6</td><td>−20.0</td><td>2.35</td></tr>
<tr><td rowspan="2">TC-L150D14</td><td>正</td><td>85.7</td><td>4.5</td><td>112.9</td><td>15.0</td><td>112.9</td><td>15.0</td><td>3.33</td></tr>
<tr><td>负</td><td>−229.9</td><td>−6.1</td><td>−252.1</td><td>−9.0</td><td>−214.2</td><td>−11.3</td><td>1.85</td></tr>
<tr><td rowspan="2">TC-L150D20</td><td>正</td><td>164.5</td><td>6.0</td><td>215.1</td><td>11.7</td><td>182.5</td><td>15.0</td><td>2.50</td></tr>
<tr><td>负</td><td>−280.7</td><td>−9.3</td><td>−316.4</td><td>−13.2</td><td>−160.1</td><td>−15.0</td><td>1.61</td></tr>
<tr><td rowspan="2">TC-L150D25</td><td>正</td><td>183.5</td><td>9.0</td><td>244.9</td><td>22.1</td><td>244.9</td><td>22.1</td><td>2.46</td></tr>
<tr><td>负</td><td>−350.3</td><td>−11.9</td><td>−376.5</td><td>−15.0</td><td>−320.0</td><td>−15.7</td><td>1.41</td></tr>
<tr><td rowspan="2">TC-L200D15</td><td>正</td><td>26.4</td><td>3.2</td><td>84.1</td><td>15.9</td><td>84.1</td><td>15.9</td><td>4.97</td></tr>
<tr><td>负</td><td>−185.0</td><td>−5.3</td><td>−190.2</td><td>−7.9</td><td>−161.7</td><td>9.0</td><td>1.69</td></tr>
<tr><td rowspan="2">TC-L200D20</td><td>正</td><td>167.0</td><td>6.5</td><td>178.1</td><td>16.0</td><td>178.1</td><td>16.0</td><td>2.46</td></tr>
<tr><td>负</td><td>−318.3</td><td>−9.2</td><td>−342.3</td><td>−13.1</td><td>−290.9</td><td>14.5</td><td>1.57</td></tr>
<tr><td rowspan="2">TC-L200D25</td><td>正</td><td>194.4</td><td>7.5</td><td>247.3</td><td>20</td><td>247.3</td><td>20.0</td><td>2.67</td></tr>
<tr><td>负</td><td>−357.1</td><td>−9.5</td><td>−388.5</td><td>−15.0</td><td>−330.2</td><td>16.5</td><td>1.73</td></tr>
</table>

由表4-5可得，外置可更换耗能器主要破坏形态为受压弯曲破坏，外置可更换耗能器在受压过程中由于抗压螺栓的作用，约束系统起主要抗弯作用，并且约束系统强度较大，因此，外置可更换耗能器的"压缩延性"相差不大。而"拉伸延性"会受到耗能段长细比的影响，会随着长细比的增大而增大。

4.3.3　小结

（1）完成了9个外置可更换耗能器循环拉伸试验，分析其滞回性能、破坏形态、应变情况、耗能能力、刚度退化、位移延性等耗能指标。由试验可得：试件都表现为受拉破坏，滞回曲线十分饱满，耗能能力较好，长细比的增大有利于增大耗能器的延性和耗能能力；考虑到削弱段（耗能段）和端部（加载段）的直径差距对受力性能的影响，提出耗能钢筋耗能器的设计要求：至少应满足 $D_{ex}/D_{fuse} \geq 4/3$，以保证耗能器满足"损伤集中"的耗能器设计原则。

（2）完成了9个外置可更换耗能器循环拉压试验，通过试验结果，分析其各项性能指标，并着重研究了压缩位移下防屈曲系统的约束效果对外置可更换耗能器的影响。得出结论：外置可更换耗能器压缩刚度较大，在负位移下外置可更换耗能器的耗能能力较弱，但防屈曲系统对外置可更换耗能器的耗能性能和稳定性有着决定性的影响，在有负位移的情况下，防屈曲系统起到约束内部核心耗能钢筋的重要作用。

4.4 后张拉预应力混凝土框架抗震性能研究

4.4.1 试件设计

该试验分别设计两榀框架，框架主体结构相同，HC-F1外置对称可更换耗能器，HC-F2外置非对称可更换耗能器。框架柱每层高度1.3m，柱截面为240mm×240mm；框架梁长（跨度）2.6m，框架梁截面尺寸为220mm×150mm。梁柱均采用对称配筋，柱内沿四周对称配置8根HRB400级直径为20mm的纵筋，梁内拉压区分别设置2根HRB400级直径为18mm的纵筋，并在梁中部上下各布置2根HRB400级直径为8mm的构造钢筋，箍筋均采用HPB300级直径6mm的钢筋。预应力筋采用Φ^s15.2D1860级高强度钢绞线，张拉控制应力为$\sigma_{con}=0.5f_{ptk}$。框架配筋情况见表4-6。

试件编号	$\dfrac{M_s}{M_{total}}$	梁		柱		预应力筋	外置可更换耗能器
		纵筋	箍筋	纵筋	箍筋		
HC-F1	0.44	d=18mm	Φ6@50/100	d=20mm	Φ6@50/100	3Φ⁵15.2	对称
HC-F2	0.44	d=18mm	Φ6@50/100	d=20mm	Φ6@50/100	3Φ⁵15.2	非对称

框架试件配筋图　　表4-6

由于试验条件限制，两榀框架均采用1/3缩尺试件。框架梁、柱及地梁均为工厂预制，运到试验现场后进行拼装，水平方向采用无粘结后张拉预应力筋与外置可更换耗能器混合形式进行连接，竖向采用半灌浆套筒进行连接。框架HC-F1为对称配置外置可更换耗能器（图4-31），HC-F2为非对称配置外置可更换耗能器（图4-32）。外置可更换耗能器构造如图4-8所示，由中间带削弱段的耗能钢筋棒作为主要耗能构件，端部直径为20mm，中间削弱段直径为14mm，长80mm，采用Q355钢材。外部设置防屈曲钢管，主要作用为约束耗能钢筋的变形，中间空隙作灌浆处理并在削弱段设置无粘结层，外置可更换耗能器两端由螺栓进行固定。外置可更换耗能器的安装如图4-33所示，一端与柱中预埋的内螺纹钢管连接，另一端通过两个螺母固定在梁内预埋的外置可更换耗能器支座上。

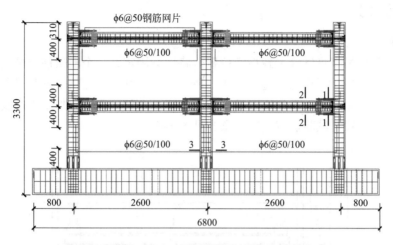

图 4-31　框架 HC-F1（对称配置外置可更换耗能器）

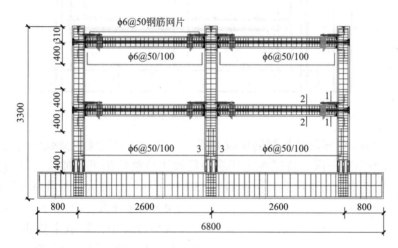

图 4-32　框架 HC-F2（非对称配置外置可更换耗能器）

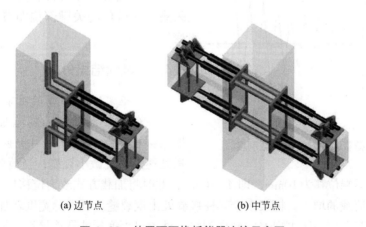

(a) 边节点　　　　　(b) 中节点

图 4-33　外置可更换耗能器连接示意图

4.4.2 试验加载

（1）加载装置

试验前，先用吊车将试件吊到指定位置，将地梁固定，三个框架柱上分别对应三个竖向的液压千斤顶，用于对框架柱施加轴力，轴压比取为0.25，在整个试验过程中柱的轴向压力值保持不变。水平千斤顶轴心对准框架二层梁轴心处，用于施加水平反复荷载。框架侧面设置防侧倾装置。试验加载装置示意图见图4-34。

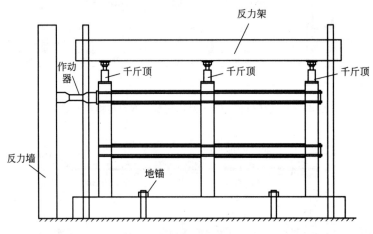

图 4-34 加载装置示意图

试验采用荷载–位移混合控制的加载方式。试验开始时先使用荷载控制进行加载，以20kN为级差每级循环一次；待试件达到屈服后改用位移控制进行加载，以屈服位移为级差每级循环三次，当荷载下降到峰值荷载的85%以下后停止加载。加载制度见图4-35。

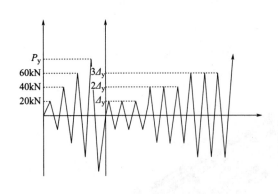

图 4-35 荷载 – 位移混合加载制度

（2）测量布置

试验过程中，荷载主要由千斤顶和作动器自身的传感器采集。在试件的节点核心区、梁端等关键部位布置位移计进行位移变化的采集。在试件的关键部位布置应变片观测应变变化情况。

4.4.3 试验结果分析

（1）框架HC-F1试验现象

在荷载控制阶段，随施加荷载的增大，框架梁柱连接处及外置可更换耗能器连接钢板处逐渐出现微小裂缝，当荷载加载至220kN时试件屈服，梁端位移为10mm，即$\Delta_y=10$mm，此时将加载方式改为位移加载。

随着位移荷载的增大，框架多个梁柱接缝处出现裂缝，且裂缝宽度随加载位移的增大而不断增大，节点核心区出现45°斜向裂缝，外置可更换耗能器连接钢板翘起，混凝土脱落，加载至$5\Delta_y$时，承载力下降至峰值荷载的85%，加载结束，正反向卸载后梁身及梁柱接缝处裂缝闭合。如图 4-36 所示。

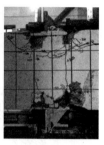

(a) 梁柱接缝处裂缝　　　　(b) 外置可更换耗能器连接钢板翘起　　　(c) 混凝土脱落

图 4-36　框架 HC-F1 主要试验现象

（2）框架 HC-F2 试验现象

在荷载控制阶段，随施加荷载的增大，框架梁柱连接处及外置可更换耗能器连接钢板处逐渐出现微小裂缝，当荷载加载至 160kN 时试件屈服，梁端位移为 10mm，即 Δ_y=10mm，此时将加载方式改为位移加载。

随着位移荷载的增大，框架多个梁柱接缝处出现裂缝，且裂缝宽度随加载位移的增大而不断增大，节点核心区出现 45° 斜向裂缝，外置可更换耗能器连接钢板翘起，混凝土脱落，中柱节点的裂缝开裂最为严重，加载至 6Δ_y 时，承载力下降至峰值荷载的 85%，加载结束，正反向卸载后梁身及梁柱接缝处裂缝闭合。如图 4-37 所示。

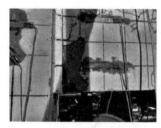

(a) 梁柱接缝处裂缝　　　　(b) 外置可更换耗能器连接钢板翘起　　　(c) 混凝土脱落

图 4-37　框架 HC-F2 主要试验现象

（3）滞回曲线

测得两个框架在低周反复加载下的二层梁端加载处的水平位移，绘制出框架的水平荷载-位移关系曲线，如图 4-38 所示。

框架在加载前期处于弹性变形阶段，其荷载-位移曲线基本呈一条直线，达到屈服后，曲线的斜率开始随着每级荷载的增加而逐渐下降且下降速率越来越快。由于预应力筋在卸载时释放的能量增加，滞回曲线表现为弓形且具有捏拢状。预应力筋始终保持弹性变形，因此框架具有较强的恢复能力，当荷载在某一方向达到该级加载的最大位移后进行反向加载过程中，已经开裂的混凝土逐渐闭合，滞回曲线向原点靠拢，反向卸载至位移为 0 后，框架在该级荷载下产生的变形基本恢复，残余变形较小。

（4）骨架曲线

滞回曲线各级荷载第一次循环的峰点相连形成的包络线即为骨架曲线，两榀框架的骨架曲线如图4-39所示。

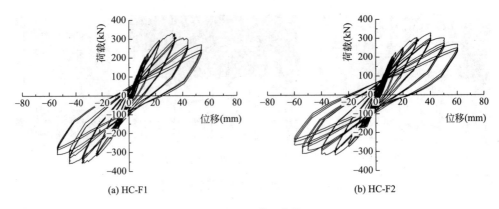

(a) HC-F1　　　　　　　　　　(b) HC-F2

图 4-38　滞回曲线

由骨架曲线可以看出，框架处于弹性工作状态时的骨架曲线基本呈一条斜直线，此时，两榀框架的弹性阶段曲线几乎重叠且屈服位移相近。达到屈服后，骨架曲线在屈服点处出现了较明显的拐点，斜率开始下降，变形逐渐增大，且HC-F2的变形速率增长较HC-F1稍快，正向加载时，框架F1的最大荷载值小于框架F2，反向加载时，框架F1的最大荷载值大于框架F2，HC-F1和HC-F2的曲线峰值点分别在框架顶点位移33mm和40mm处，此后位移继续增加，荷载逐渐下降。

（5）刚度退化

依据《建筑抗震试验规程》JGJ/T 101—2015[126]，采用割线刚度来表示框架结构刚度，两榀框架的刚度退化情况如图4-40所示。

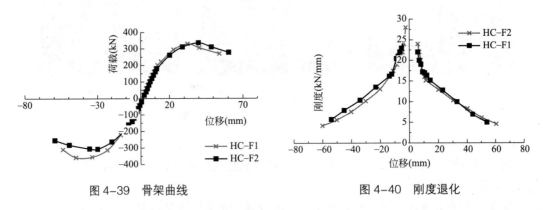

图 4-39　骨架曲线　　　　　　　　　　图 4-40　刚度退化

观察图4-40可知，从开始加载至试件屈服期间，框架的刚度退化较快，达到屈服位移后，随着位移荷载的逐级增大，框架刚度的退化速度逐渐降低。框架HC-F1的刚度大于框架HC-F2，说明对称配置外置可更换耗能器的框架HC-F1具有更强的抵抗变形的能力，但同时也导致对称配置耗能器的连接钢筋较早发生破坏，部分耗能器提前失效。从退化速度来看，当达到屈服位移后，随着框架HC-F1的外置可更换耗能器提前失效，其刚度退化速度加快，正向达到最大荷载后框架HC-F1的刚度开始逐渐低于框架HC-F2。

（6）预应力损失

每根钢绞线的初始拉力为143kN，表4-7列出了试验后每根钢绞线的预应力值及对应的预应力损失百分比。可以看出，两榀框架都是二层的钢绞线预应力值损失较大，非对称配置外置可更换耗能器的框架两层预应力损失值的差异比对称配置外置可更换耗能器的框架更大。

预应力损失表　　　　表 4-7

试件编号	层数	钢绞线	预应力值（kN）	预应力损失（%）	
HC–F1	二层	1	121	15.38	16.32
		2	110	23.08	
		3	128	10.49	
	一层	1	123	13.99	5.59
		2	141	1.40	
		3	141	1.40	
HC–F2	二层	1	108	24.48	20.98
		2	126	11.89	
		3	105	26.57	
	一层	1	141	1.40	1.63
		2	142	0.70	
		3	139	2.80	

4.4.4　小结

通过对两榀设置外置可更换耗能器的装配式预应力混凝土框架进行低周反复荷载试验，得到如下结论：

（1）整个试验过程中，所有预应力筋始终保持弹性状态，在构件变形后提供了较强的恢复能力，使构件在卸载后裂缝基本闭合，梁变形基本恢复，只产生较小的残余变形，满足低损伤设计原则。

（2）两榀框架的荷载–位移曲线均表现为捏拢状，两个骨架曲线在弹性阶段基本呈一条直线且几乎重叠，屈服位移相近，在框架达到屈服位移后，曲线的斜率逐渐下降，荷载增长滞后于变形，变形加快。综合来看，设置外置可更换耗能器的装配式预应力混凝土框架具有较好的耗能能力和延性性能。

（3）框架HC-F1一层预应力损失占总预应力损失的25.53%，框架HC-F2一层预应力损失仅占总预应力损失的7.22%，结合两榀框架的刚度退化曲线可以判断，对称配置外置可更换耗能器的框架抵抗变形的能力更强、整体性能更好。

（4）对称布置耗能器的框架HC-F1前期刚度、恢复能力、变形能力均好于非对称布置的HC-F2，但对称配置耗能器的支座连接钢筋受到双侧拉力的共同作用，更容易发生破坏，导致部分耗能器提前失效，使得框架HC-F1延性小于HC-F2。

4.5 后张拉预应力混凝土节点抗震性能研究

4.5.1 试件设计

试验节点为2个无粘结后张拉混合连接预应力框架中节点，两个节点参数一致，梁截面尺寸为440mm×240mm，柱截面尺寸为400mm×440mm。预制梁柱通过无粘结后张拉预应力筋拼接连接，预制梁内部截面上下端设置耗能钢筋以提高其耗能能力，梁端表面设置角钢以保护混凝土不被压碎。两个节点梁中部均设一根无粘结后张拉钢筋，节点J1梁顶和梁底分别设置两道耗能钢筋，如图4-41所示。节点J2则把耗能钢筋去掉，并增设了外置可更换耗能器，如图4-42所示。外置可更换耗能器由内部耗能钢筋、灌浆料和外钢管组成，内部耗能钢筋设置截面削弱形成耗能段，约束钢管与耗能钢筋之间的空隙填充灌浆料，灌浆料与耗能段之间作无粘结处理，耗能器端部设置螺纹以加强与节点梁柱的连接强度。如图4-8所示。

节点梁柱均采用对称配筋，梁柱纵筋均采用HRB400钢筋，箍筋采用HRB300钢筋，节点J1中耗能钢筋采用Q355B钢筋。预应力筋采用Φ^s15.2D1860级高强度钢绞线，张拉控制应力为$\sigma_{con}=0.5f_{ptk}$。试验构件全部在工厂预制，试件设计的总体参数概况见表4-8。

节点试验试件设计总体概况 表4-8

试件编号	梁				柱		耗能装置及位置
	内侧纵筋	外侧纵筋	箍筋	预应力筋	纵筋	箍筋	
节点J1	2Φ10	2Φ20	Φ10@50/100	5Φ^{s}15.2	4Φ20	Φ10@50/100	内部耗能钢筋4Φ20
节点J2	2Φ10	2Φ20	Φ10@50/100	5Φ^{s}15.2	4Φ20	Φ10@50/100	外部对称外置可更换耗能器

4.5.2 试验加载

（1）试验装置及加载制度

试验加载装置示意如图4-43所示，柱子底部采用铰支座进行固定，在柱顶布置1个竖向千斤顶，用于施加轴力，左右两个梁端下方分别设置竖向千斤顶，对梁端施加反对称的低周反复荷载以模拟水平地震作用时梁端的受力情况。

试验时，由柱顶端千斤顶对试件施加轴向压力，轴压比取0.4，轴向压力增大到预定值后保持该数值恒定。然后按照《建筑抗震试验规程》JGJ/T 101—2015[126]的规定，采用荷载与位移混合控制的加载制度对试件进行加载（加载制度如图4-44所示），屈服前由荷载进行控制，左右梁端同时施加相反方向作用力，直至试件屈服，得到屈服位移Δ_y；试件屈服后，加载方式转换为位移控制，按位移基数的倍数1Δ_y、2Δ_y、3Δ_y、4Δ_y……进行加载，每级加载循环三次；加载到试件承载力下降到最大承载力的85%（破坏）且不低于屈服荷载时停止试验。

（2）测量布置

1）柱顶轴向压力和梁端反复荷载值。柱顶轴力及梁端反复荷载值均由设置在千斤顶

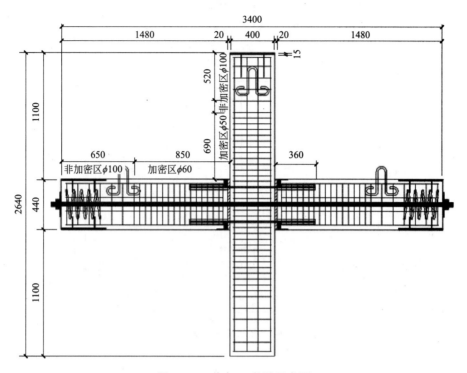

图 4-41　节点 J1 构造示意图

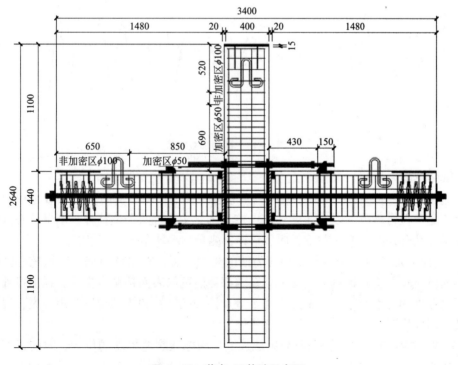

图 4-42　节点 J2 构造示意图

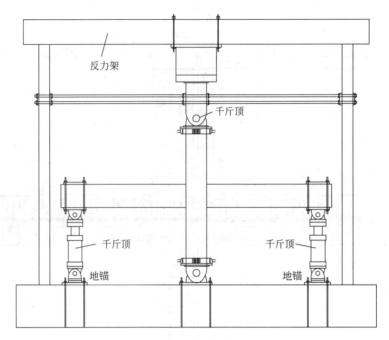

图 4-43 试验加载装置示意图

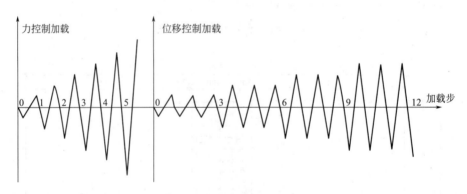

图 4-44 试验加载制度

端部荷载传感器采集。

2）在柱子中部、底部和两个梁端分别布置位移计，可以实时监控加载过程中支座变形和滑移是否在合理范围内；在梁柱节点核心区交叉布置两个位移计，测量核心区剪切变形；在梁柱结合处四个方向布置斜向位移计，测量梁端转角。

3）为研究加载过程中钢筋及预应力筋的受力状态，在梁柱纵筋、节点核心区箍筋及梁中心的波纹管上均布置钢筋应变片；在内部耗能钢筋表面粘贴应变片，耗能棒外钢管的应变通过在外钢管表面粘贴应变片测得；节点核心区柱端和梁端位置弯矩最大，混凝土最先开裂，因此将混凝土应变片布置在这些位置。

4）试验过程中，混凝土表面会出现裂缝。为标注裂缝出现的位置、时间，试验前应在节点核心区刷一层白漆，用铅笔将 $50\text{mm} \times 50\text{mm}$ 的方格网绘制在干燥后的构件表面。

4.5.3　试验结果分析

（1）节点J1（内置耗能钢筋）

在荷载控制阶段，反向加载至-60kN时，梁柱接缝处均出现竖向裂缝，宽度约为0.4mm。其后，直至加载至120kN，试件屈服，裂缝均出现在梁、柱与垫层接缝处，裂缝宽度加宽。

在位移控制阶段，柱中核心区出现45°斜裂缝，梁柱接缝处裂缝宽度随加载位移的增大而不断增大，梁与垫层接缝处混凝土及砂浆垫层出现严重破坏并脱落。加载至±6Δy，承载力下降至峰值荷载的85%，停止加载，正反向卸载后梁柱接缝处裂缝闭合，但裂缝宽度仍有2～3mm。如图4-45所示。

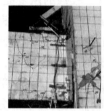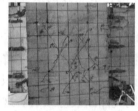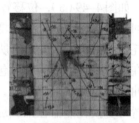

(a) 梁柱接缝处裂缝　　　　(b) 节点核心区裂缝　　　　(c) 混凝土脱落

图4-45　节点J1破坏情况

（2）节点J2（外置可更换耗能器）

节点J2的屈服位移为6mm，混凝土区域破坏特征与节点J1基本一致，在加载过程中外置可更换耗能器与梁连接部件逐渐弯曲，最终部分外置可更换耗能器在该部位断裂，其中部分外置可更换耗能器因固定不充分与支座脱离，具体情况如图4-46、图4-47所示。剖开外置可更换耗能器后发现，耗能段基本未发生变形，如图4-48所示。

图4-46　外置可更换耗能器断裂情况示意图

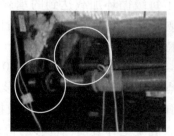

图4-47　外置可更换耗能器与支座脱离情况示意图

图4-48 外置可更换耗能器内部示意图

（3）滞回曲线

通过试验加载测得两个节点的荷载-位移数据，绘制得到图4-49所示的滞回曲线。

如图4-49（a），位移较小时，节点J1的预应力筋处于弹性阶段，具有较强的恢复能力，滞回耗能小，而随位移的增大，滞回环趋于饱满，表明试件在较高荷载作用下仍保持良好的耗能能力，残余变形有所增大，刚度退化现象不明显。如图4-49（b），节点J2的滞回曲线在加载中期单圈滞回环包围的面积较大，而随着荷载的增大，滞回环面积逐渐减小，滞回曲线呈捏拢状且不对称，该现象并非残余变形积累、刚度下降导致的，主要是由于部分外置可更换耗能器在加载后期突然断裂导致的。这说明外置可更换耗能器仅发挥了部分耗能作用，节点在施加预应力作用下，弹性变形范围大，节点具有较强的自复位能力。

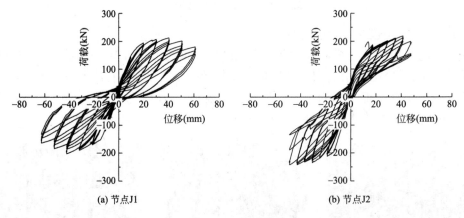

(a) 节点J1　　　　　　　　(b) 节点J2

图4-49 滞回曲线

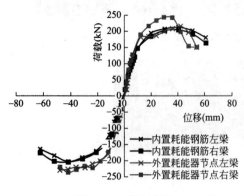

图4-50 骨架曲线

（4）骨架曲线

骨架曲线是构件滞回曲线的外包络线，表达了每级循环加载达到的承载力峰值的轨迹，反映了构件受力与变形各个阶段的强度、刚度等特性[128]。

节点的骨架曲线如图4-50所示，可知2个节点骨架曲线基本呈现"S"形，表明构件经历了弹性阶段、弹塑性阶段以及极限破坏三个阶段。混凝土开裂前，位移与荷载呈线性增长；节点开裂到屈服阶段，骨架曲线斜率降低，荷载的增加落后于位移的增加，刚度降低；节点屈服到承载力峰值阶段，刚度退化显著；峰值点之后，承载力随位移的增加而下降。

（5）位移延性

延性是判断结构抗震性能的重要指标，用位移延性系数 μ 表示，两个节点的延性系数见表4-9。

位移延性 表4-9

延性指标	节点1		节点2	
	正向	负向	正向	负向
Δ_y（mm）	13.48	18.79	13.08	15.04
Δ_u（mm）	60.88	56.33	40.82	52.08
μ	4.51	3.10	3.12	3.87

由表4-9可以看出，节点J1的极限位移和位移延性比节点J2好。节点J1设置的耗能钢筋位于节点内部，随节点的变形同时变化，变形能力强。节点J2设置的外置可更换耗能器连接梁柱，从其破坏形态可以看出，其内部耗能段没有明显变化，变形能力较差。

（6）刚度退化

试件的刚度可以用割线刚度来表示，两个节点的刚度曲线如图4-51所示。

由图4-51可知，开裂后至屈服前的阶段，两个节点的刚度下降较快，节点屈服

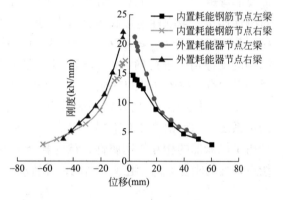

图 4-51　刚度退化曲线

之后刚度退化逐渐趋缓。节点J2的初始刚度相较节点J1的大，表明设置外置可更换耗能器的试件具有更好的抵抗变形的能力。

4.5.4　力学性能研究[129]

（1）节点受力机理分析

在试验荷载的作用下，柱子主要承受柱顶施加的轴力作用，梁端传来的轴力作用非常小，可以忽略不计，梁主要承受剪力和弯矩作用。荷载通过梁柱间垫层传至节点核心区时，节点核心区四周受到剪力作用，由于左、右梁受到反向力的作用，节点核心区上下侧剪力方向相反、左右侧剪力方向相反。

对于内置耗能钢筋节点，如图4-52（a）所示，梁端荷载首先传递至内置耗能钢筋，梁端弯矩转化为作用在耗能钢筋上的轴力。对于外置耗能器节点，与内置耗能钢筋节点不同的是，在受到梁端反向荷载时，梁端弯矩首先传递至梁内预埋的支座，再通过支座传递给耗能器，如图4-52（b）所示。

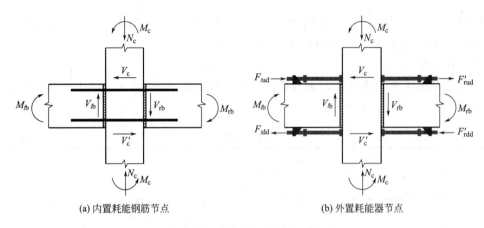

(a) 内置耗能钢筋节点　　　　　　　　(b) 外置耗能器节点

图 4-52　节点核心区受力分析

（2）外置耗能器节点初始转动刚度的确定

节点转动刚度 S_j 指在梁端弯矩作用下，当节点处梁端和柱端发生相对单位转角 θ 时所需要的弯矩 M[130]。欧洲钢结构设计规范（EC3）[131] 以连接的初始转动刚度 $S_{j,ini}$ 作为标准对刚性连接、半刚性连接和铰接节点的力学性能进行了定义：若 $S_{j,ini} \geqslant k_b EI_b/l_b$，为刚性连接；若 $0.5EI_b/l_b < S_{j,ini} < k_b EI_b/l_b$，为半刚性连接；若 $S_{j,ini} \leqslant 0.5EI_b/l_b$，为铰接。其中，$k_b$ 根据结构的支撑情况进行确定，$k_b=8$ 适用于支撑体系将水平位移至少减少80%的框架，$k_b=25$ 适用于除有支撑体系外的其他框架，结构层间 $K_b/K_c \geqslant 0.1$ 的情况。

文献［132］中提出外置耗能器由内部耗能钢筋（中间段削弱形成耗能段）与外部的约束系统（约束钢管和灌浆料）组成，如图4-8所示。通过对外置耗能器的循环拉压试验分析了耗能器的相互作用属性，认为耗能器的总体刚度 k_{comp} 主要由耗能钢筋的刚度 k_{fuse} 和约束系统的刚度 $k_{anti-buck}$ 组成，因此，外置耗能器的刚度为：

$$k_{comp}=k_{fuse}+k_{anti-buck} \tag{4-32}$$

在受到梁端荷载时，外置耗能器节点梁柱间发生相对转动，以 O 点为旋转中心，并产生转角 θ，如图4-53所示。此时，构件处于弹性受力状态，预应力筋处于拉伸状态，外置耗能器可假定为刚度为 K_{fuse} 的拉压弹簧，梁上侧耗能器压缩，长度变化值为 Δ'_{es}，梁下侧耗能器拉伸，长度变化值为 Δ_{es}，可按照公式（4-33）进行计算[122]。

$$\Delta'_{es}=\theta \cdot (x_0+h_{p\&p}) \tag{4-33}$$

式中　$h_{p\&p}$——可更换外置耗能器中心到混凝土边缘的距离（mm）；

　　　　θ——梁柱结合面转角（rad）；

　　　　h——梁截面高度（mm）；

　　　　x_0——截面受压区高度（mm）。

因此，梁上、下侧外置耗能器的轴力可分别表示为：

$$F'_{rud}=2K_{fuse} \cdot \Delta'_{es} \tag{4-34}$$

$$F'_{rdd}=2K_{fuse} \cdot \Delta_{es} \tag{4-35}$$

如图4-53所示，为了抵抗使梁柱发生相对转动的弯矩 M_{rb}，外置耗能器和预应力筋同时发生作用，使张拉控制应力为 T_p。

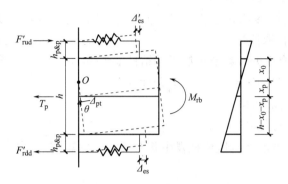

图 4-53　外置耗能器节点梁柱转角示意图

外置耗能器发生轴向变形产生的力 F'_{rud}、F'_{rdd} 和张拉控制应力 T_p 与弯矩 M_{rb} 的关系如下所示：

$$M_{rb}=F'_{rud}\cdot(x_0+h_{p\&p})+F'_{rdd}\cdot(h-x_0+h_{p\&p})+T_p\cdot x_p \qquad (4-36)$$

式中　F'_{rud}——梁上侧耗能器为抵抗转动产生的轴力（kN）；

F'_{rdd}——梁下侧耗能器为抵抗转动产生的轴力（kN）；

x_p——预应力筋距中和轴的距离（mm）。

因此，根据节点转动刚度的定义，节点转动刚度可表示为：

$$S_j=\frac{M_{rb}}{\theta}=2K_{comp}[(x_0+h_{p\&p})^2+(h-x_0+h_{p\&p})^2]+E_pn_pA_p\cdot x_p^2/L_{ups} \qquad (4-37)$$

（3）内置耗能钢筋节点初始转动刚度的确定

在受到梁端荷载时，内置耗能钢筋节点梁柱间发生相对转动，以 O 点为旋转中心，并产生转角 θ，如图 4-54 所示。此时，构件处于弹性受力状态，预应力筋处于拉伸状态，梁上部布置的耗能钢筋处于压缩状态。在此状态下，上、下耗能钢筋应变和无粘结预应力筋在结合面缝隙张开时的附加应变应根据平面变形假定进行计算[123]。

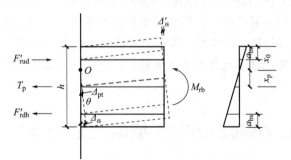

图 4-54　内置耗能钢筋节点梁柱转角示意图

$$\varepsilon_{is}=\frac{\Delta_{is}}{L_u+\alpha_bd_b}\qquad \Delta_{is}=\theta\cdot(h-x_0-a_{bs}) \qquad (4-38)$$

$$\varepsilon'_{is}=\frac{\Delta'_{is}}{L_u+\alpha_bd_b}\qquad \Delta'_{is}=\theta\cdot(x_0-a'_{bs}) \qquad (4-39)$$

式中　d_b——耗能钢筋直径（mm）；

　　　　α_b——耗能钢筋应变渗透系数，按照《预应力混凝土结构抗震设计标准》JGJ/T 140—2019进行取值；

　　　　L_u——邻近结合面处，耗能钢筋无粘结长度（mm）；

a_{bs}、a'_{bs}——受拉、受压耗能钢筋中心到截面受拉、受压边缘的距离（mm）；

　　　　θ——梁柱结合面转角；

　　　　x_0——截面受压区高度（mm）。

如图4-54所示，为了抵抗使梁柱发生相对转动的弯矩 M_{rb}，内置耗能钢筋和预应力筋同时发生作用，即：

$$M_{rb}=F'_{rud} \cdot (x_0-a'_{bs})+F'_{rdb} \cdot (h-x_0-a_{bs})+T_p \cdot x_p \qquad （4\text{-}40）$$

式中　F'_{rub}——梁上部耗能钢筋为抵抗转动产生的轴力（kN），$F'_{rud}=E_s\varepsilon'_{is}A'_b$；

　　　　F'_{rdb}——梁下部耗能钢筋为抵抗转动产生的轴力（kN），$F'_{rdb}=E_s\varepsilon_{is}A_b$；

A'_b、A_b——穿过结合面的受压、受拉耗能钢筋截面面积（mm²）。

因此，根据节点转动刚度的定义，节点转动刚度可表示为：

$$S_j= \frac{M_{rb}}{\theta}=E_s\varepsilon_s A_b + E_s\varepsilon'_s A'_b + E_p n_p A_p \varepsilon_{pt}$$

$$S_j=E_s A_b \frac{(h-x_0-a_{bs})^2}{L_u+\alpha_b d_b}+E_s A'_b \cdot \frac{(x_0-a'_{bs})^2}{L_u+\alpha_b d_b}+E_p n_p A_p \cdot x_p^2/L_{ups} \qquad （4\text{-}41）$$

4.5.5　小结

对两个分别设置内置耗能钢筋及外置可更换耗能器的节点进行试验研究发现：

（1）两个节点的最终破坏形态都是典型的梁端弯曲破坏，梁端混凝土压碎，而节点核心区柱中仅出现几道微小的交叉裂缝，满足"强柱弱梁，强节点弱构件"的设计要求。

（2）设置内置耗能钢筋的节点滞回耗能能力和延性较好，设置外置可更换耗能器的节点初始刚度较大。低周反复荷载时，外置可更换耗能器出现了端部断裂的情况，这表明外置可更换耗能器的内部构造、耗能段与端部直径的关系需进一步研究。

（3）在对内置耗能钢筋节点和外置耗能器节点进行受力机理分析的基础上，推导出两个节点的转动刚度计算公式。

4.6　后张拉预应力混凝土结构关键施工技术方案

本节主要对后张拉预应力混凝土框架预应力构件的制作及安装施工技术方案进行说明，主要施工方法及要求参照《混凝土结构工程施工规范》GB 50666—2011。该框架结构为装配式后张拉预应力混凝土框架，其构件均为预制构件，应根据预制构件的受力特征采用特定的连接方式将所有构件连接为一体，满足结构承载力和变形要求。其中，柱与地梁预留插筋采用灌浆套筒连接；预制梁与预制柱在节点核心区域的内置耗能钢筋采用灌浆套筒连接，之后穿插钢绞线施加无粘结预应力，保证所有构件精准连接，使构件连接可靠，满足结构的安全性和耐久性。

4.6.1　主要构件的制作要求

1. 预应力筋的制作

（1）预应力筋的主要制作要求

1）通过计算确定预应力筋的下料长度，采用砂轮锯或切断机等机械方法按照计算长度切断预应力筋，切割过程中应避免焊渣或接地电火花损伤预应力筋。

2）无粘结预应力筋在现场搬运和铺设过程中，不应损伤其塑料护套。当出现轻微破损时，应及时封闭。

3）钢绞线挤压锚具应严格按照使用说明书的规定，采用配套的挤压机进行制作。采用的摩擦衬套应沿挤压套筒全长均匀分布；挤压完成后，预应力筋外端应露出挤压套筒不少于1mm。

（2）孔道成型用管道的连接要求

圆形金属波纹管接长时，接头管采用大一规格的同波形波纹管；接头管长度可取其直径的3倍，且不宜小于200mm；接头管两端旋入长度相等，并采用防水胶带密封。

（3）预应力筋成孔管道的定位要求

预应力筋成孔管道应与定位钢筋绑扎牢固，定位钢筋直径不宜小于10mm，间距不宜大于1.2m，预应力筋成孔管道竖向位置偏差应符合表4–10的规定。

预应力筋成孔管道竖向位置允许偏差　　　　表4-10

构件截面高（厚）度（mm）	≤ 300	300～1500	>1500
允许偏差（mm）	±5	±10	±15

（4）预应力筋和预应力孔道的间距和保护层厚度要求

对后张法预制构件，孔道至构件混凝土边缘的净间距不宜小于30mm，且不宜小于孔道外径的1/2；梁中集束布置的无粘结预应力筋束至构件边缘的净距不宜小于40mm。

（5）排气孔、泌水孔及灌浆孔设置要求

预应力孔道应根据工程特点设置排气孔、泌水孔及灌浆孔，排气孔可兼作泌水孔或灌浆孔，当排气孔兼作泌水孔时，其外接管道伸出构件顶面长度不宜小于300mm。

2. 耗能器的制作

（1）耗能器内部耗能钢筋应按照设计精确加工，两端扯丝，中间段削弱（直径变小）。

（2）外钢管加工时应加工配套端板，配合端部抗压螺栓使用，起到灌浆时密封的作用。在外钢管两端距离端部50mm处，预留灌浆孔和出浆孔，并在孔洞处套上灌浆软皮套。

（3）组装耗能器时需先把外钢管套在低碳钢外，用方形端板和螺母把钢管固定在相应的位置，使钢管完全固定。

（4）外钢管与耗能钢筋间隙应填充砂浆或环氧树脂，填充砂浆应养护28d。

4.6.2 预应力张拉与孔道灌浆

1. 工艺流程

待纵向框架全部吊装完成，预制梁柱接缝处钢纤维砂浆垫层达到设计强度后，在梁内孔道穿插预应力筋，并进行预应力筋张拉。施工工艺操作流程如图4-55所示。

图 4-55 施工工艺流程

2. 主要施工工艺

（1）预应力筋采用单向张拉，如图4-56所示。张拉前需对管道进行检查、清理，应特别注意张拉端垫板与螺母之间及排气孔的清理。对一些端面与孔道中心线有偏差的管道，应作特别处理。

图 4-56 预应力筋张拉

（2）应定期对张拉设备及液压系统组成部分进行校正检查（包括千斤顶、油泵、高压油管和压力表）。无粘结预应力筋张拉机具及仪表应由专人使用和管理并定期维护和校验。

（3）张拉设备应配套校验压力表的精度不宜低于1.5级校验，校验张拉设备用的试验机或测力计精度不得低于±2%；校验时千斤顶活塞的运行方向应与实际张拉工作状态一致。

（4）张拉设备的校验期限不宜超过半年。当张拉设备出现反常现象时，或在千斤顶检修后，应重新校验。安装张拉设备时，对直线的无粘结预应力筋应使张拉力的作用线与无粘结预应力筋中心线重合。

（5）为降低预应力损失，在选材上选择变形小或预应力钢筋内缩小的锚具，尽量减少垫板数，选用高强度钢筋和混凝土等；在施工工艺上，可采用超张拉方法，张拉时先超张拉5%，持荷2min，然后再回到1.0倍张拉控制应力，也可一次张拉时直接张拉至1.03倍的控制应力。

（6）预应力筋张拉完成后，对预应力孔道进行灌浆与封锚。

1）后张法预应力筋张拉完毕并经检查合格后，应及时进行孔道灌浆，孔道内水泥浆应饱满、密实。

2）后张法预应力筋锚固后的外露部分宜采用机械方法切割，也可采用氧—乙炔焰方法切割，其外露长度不宜小于预应力筋直径的1.5倍，且不宜小于30mm。

3）灌浆前应确认孔道、排气兼泌水管及灌浆孔畅通；对预埋管成型孔道，可采用压缩空气清孔；应切除锚具外多余预应力筋，并应采用水泥浆等材料封堵锚具夹片缝隙和其他可能漏浆处，也可采用封锚罩封闭端部锚具；采用真空灌浆工艺时，应确认孔道的密封性。

4）灌浆用水泥浆的原材料及性能要求。

水泥宜采用强度等级不低于42.5级的普通硅酸盐水泥，拌和用水和外加剂中不能含有对预应力筋或水泥有害的成分。

采用普通灌浆工艺时稠度宜控制在12 ～ 20s，采用真空灌浆工艺时稠度宜控制在18 ～ 25s；水胶比不应大于0.45；自由泌水率宜为0，且不应大于1%，泌水应在24h内全部被水泥浆吸收；自由膨胀率不应大于10%；边长为70.7mm的立方体水泥浆试块28d标准养护的抗压强度不应低于30MPa；所采用的外加剂应与水泥做配合比试验并确定掺量后使用。

5）灌浆应连续进行，直至排气孔排出的浆体稠度与注浆孔处相同且没有出现气泡后，再顺浆体流动方向将排气孔依次封闭；全部封闭后，宜继续加压0.5 ～ 0.7MPa，并稳压1 ～ 2min后封闭灌浆口。

第5章 预制混凝土构件制作

5.1 预制构件制作要求

预制构件制作单位应具备相应的生产工艺设施，并应有完善的质量管理体系和必要的试验检测手段。预制构件制作前，应对其技术要求和质量标准进行技术交底，并应制定有关生产工艺、模具方案、生产计划、技术质量控制措施、成品保护、堆放及运输方案等内容的生产方案。预制结构构件采用钢筋套筒灌浆连接时，应在构件生产前进行钢筋套筒灌浆连接接头的抗拉强度试验，每种规格的连接接头试件数量不应少于3个[9]。

预制构件用混凝土的工作性能应根据产品类别和生产工艺要求确定，构件用混凝土原材料及配合比设计应符合国家现行标准《混凝土结构工程施工规范》GB50666—2011[86]、《普通混凝土配合比设计规程》JGJ55—2011[133]和《高强混凝土应用技术规程》JGJ/T281—2012[134]等的规定。预制构件用钢筋的加工、连接与安装应符合国家现行标准《混凝土结构工程施工质量验收规范》GB50204—2015[86]等的有关规定。

5.2 预制构件的制作

5.2.1 预制构件的制作设备

预制构件的制作设备系统主要包括布料系统、模台预处理系统、构件处理系统、养护系统以及脱模系统。其中，布料系统主要包括振动台、混凝土布料机；模台预处理系统主要包括数控划线机、喷涂机和模台清理机；构件处理系统主要包括振动赶平机、抹光机和面层拉毛机；养护系统主要包括码垛机和养护窑；脱模系统主要包括翻转机。

布料系统中，振动台主要作用是将其混凝土振捣密实；混凝土布料机与混凝土输送泵连接，主要是将泵压来的混凝土通过管道浇筑到构件的模板内；混凝土布料机有手动式、固定式、移动式、内爬式等多种机型，主要用于混凝土的浇筑。

模台预处理系统中，数控划线机适用于各种规格的通用模型叠合板、墙板底模的划线；喷涂机作用是将涂料雾化后喷向被涂物表面，形成涂膜层；模台清理机主要是利用清理铲、辊刷将混凝土渣和细小粉末推向模具后方，调入下方的收集斗中。

构件处理系统中，振动赶平机主要用于混凝土表面刮平处理；抹光机用于打磨更为光滑、平整的混凝土，并且能够提高混凝土表面密实性以及耐磨性；面层拉毛机则是用于提高面层的摩擦程度。

养护系统中，码垛车是构件厂搬运货物的器械；养护窑是对混凝土制品进行常压湿热养护或无压蒸汽养护的设施。

脱模系统中，翻转机的作用是方便快捷地将货物进行任意角度的翻转，附加到输送线，或实现货物输送的立体流程。

5.2.2　预制构件的制作工艺

预制构件制作时（图 5-1），应先清扫模台，组装模具，检验构件原材料进场，组网安装钢筋；待钢筋安装结束后，再安装相关预埋件以及电子管线等；待隐蔽工程验收之后，进行混凝土的浇筑；通常，养护 28d 之后脱模，待验收完成之后入库备用。

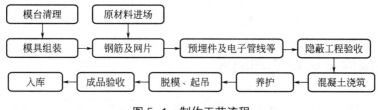

图 5-1　制作工艺流程

预制构件的制作工艺主要包括固定模台工艺、立模工艺以及预应力工艺。固定模台工艺是指模具固定不动，钢筋和预埋用起重机送到各个模台，混凝土用输送料斗送到各个模台，养护蒸汽管道通到各个模台下，作业人员在模台间流动作业生产。固定模台工艺可以生产梁、柱、板等各式构件，适用范围广泛，应用灵活，适应性强，启动资金较少。立模工艺是指用竖立模具垂直浇筑的方法，因此立模工艺可节约生产用地、提高生产效率，可同时生产多块构件。预应力工艺根据张拉预应力筋所处阶段不同，分为先张法和后张法。先张法一般用于制作大跨度预应力混凝土楼板、预应力叠合楼板和预应力空心楼板。后张法预应力工艺只适用于预应力梁、板。

5.2.3　预制构件的前期检查

在混凝土浇筑前，应按要求对预制构件的钢筋、预应力筋以及各种预埋部件进行隐蔽工程检查，这是保证预制构件满足结构性能的关键质量控制环节。

对于钢筋应包括牌号、规格、数量、位置和间距；对于纵向受力钢筋应包括连接方式、接头位置、接头质量、接头面积比率和搭接长度；对于箍筋应检测箍筋弯钩的弯折角度以及平直段长度。预埋件、吊环、插筋、灌浆套筒和预留孔洞应检测对应规格、数量以及位置等。外墙板以及保护层等应检测厚度、位置等。对于预埋管线、线盒等，应明确规格、数量、位置以及固定措施。

5.2.4　预制构件的振动捣实

预制构件的浇筑与现浇构件基本相同，预制构件的混凝土振捣目的是尽可能减少混凝土中孔隙，清除混凝土内部孔洞以使得混凝土、预埋件模板等紧密贴合，保证混凝土最大密实度，提高混凝土质量和强度[136]。

捣实方法包括振动法、挤压法、离心法等。其中，振动法是利用振动机转轴上装置偏心块，通过偏心块数量和位置的变化，可得到分布均匀一致的振幅。通过振幅的传递在构件上面施加一定压力来达到捣实效果，使构件表面光滑。工程上，振动法常用于T形或I形预制梁、楼板以及剪力墙。

挤压法是利用挤压机旋转的螺旋铰刀把由料斗漏下的混凝土向后挤送，在挤送过程中，由于受到振动器的振动和已成型的混凝土空心板的阻力而被挤压密实，挤压机也在这一反作用力的作用下，沿着与挤压方向相反的方向被推动自行前进，在挤压机后面即形成一条连续的预应力混凝土空心板带。工程上，挤压法常用于连续生产空心板以及预制轻质内隔墙。

离心法是指将装有混凝土的模板放在离心机上，给模板一定转速使其绕自身的纵轴旋转，模板内的混凝土由于离心力作用而远离纵轴，均匀分布于模板内壁，并将混凝土中的部分水分挤出，使混凝土密实。工程上，离心法常用于大口径混凝土预制排水管生产中。

5.3 预制构件质量检测与验收

构件质量检测与验收能够提高工程质量、加快工程进度以及降低工程造价。预制构件质量检测与验收主要包括支撑与模板、钢筋预埋件以及后浇混凝土的质量检测，和预制构件进场、结构装配施工的验收。

对于支撑与模板而言，应采用观察检测法以确保预制构件安装临时固定支撑的稳固可靠及后浇混凝土模板具有足够的承载能力、刚度和稳定性。对于钢筋与预埋件而言，钢筋采用机械连接时应检测钢筋机械连接施工记录以及平时试件的强度，钢筋采用焊接连接时应检测钢筋焊接接头检验批质量验收记录。上述对于同一检验批内，应抽查梁柱构件数量的10%且不应小于3件，应抽查墙板构件自然间且不应小于3件。

对于后浇混凝土而言，应检测施工记录及试件强度试验报告以保证装配式混凝土结构连接节点和连接接缝后浇混凝土的强度，应采用观察法以保证装配式混凝土结构后浇混凝土的外观不出现严重缺陷。

对于预制构件进场构件而言，应通过观察法以及尺量检测法，从而保证预制构件的外观质量，不应有严重缺陷，不应有影响结构性能和安装、使用功能的尺寸偏差。对于预制构件表面预贴饰面砖、石材等饰面与混凝土，应按批检查以保障粘结性能；对于预制构件上的预埋件、预留插筋、预留孔洞和预留管线等，同样按批检测型号、数量要求。

对于结构装配施工而言，对预制构件底部水平接缝坐浆强度、钢筋套筒灌浆连接以及浆锚搭接用灌浆料均应按批检查；要求全数检查采用灌浆套筒连接、浆锚搭接、型钢焊接的接头质量及螺栓的材质、规格、拧紧力矩等。

装配式混凝土结构安装结合部位和连接接缝处的后浇筑混凝土强度应符合设计要求[42]。每批次同一配合比的混凝土至少取样一次，每次取样应留置至少一组标准养护试块，同条件养护试块的留置组数宜根据实际需要确定。检验时要检查施工记录及试件强度试验报告。

预制构件安装临时固定支撑应稳固可靠，符合设计、专项施工方案及相关技术标准要求。支撑体系与模板应全数检查，检查项目包括施工记录或设计文件。

5.4　预制构件的堆放与运输

预制构件的运输与堆放方案，内容应包括运输时间、次序、堆放场地、运输线路、固定要求、堆放支垫及成品保护措施等。对于超高、超宽、形状特殊的大型构件的运输和堆放应有专门的质量安全保证措施。

预制构件的堆放方式可分为两种，一种是平面堆放，例如双 T 板、箱梁、楼梯、梁和柱。另一种是竖向固定的方式，例如墙板一般通过存储架竖向固定来进行存储。

预制构件的堆放要求堆放场地应平整、坚实，并应有排水措施；预埋吊件应朝上，标识宜朝向堆垛间的通道；构件支垫应坚实，垫块在构件下的位置宜与脱模、吊装时的起吊位置一致；重叠堆放构件时，每层构件间的垫块应上下对齐，堆垛层数应根据构件、垫块的承载力确定，并应根据需要采取防止堆垛倾覆的措施；堆放预应力构件时，应根据构件起拱值的大小和堆放时间采取相应措施。

构件的运输方案有平面叠放式运输和竖向运输两种。楼板、楼梯、梁、柱等构件采用平面叠放式运输。墙板则采用竖向运输，分为立式运输和斜卧式运输。此外，小型构件多采用散装运输，异形构件采用立式运输。预制构件的运输车辆应满足构件尺寸和载重要求，其中装卸构件时，应采取保证车体平衡的措施；运输构件时，应采取防止构件移动、倾倒、变形等的固定措施；运输构件时，应采取防止构件损坏的措施，对构件边角部或链锁接触处的混凝土，宜设置保护衬垫。

5.5　预制混凝土叠合板制作实例

混凝土叠合板在制作过程中，主要包括组装模板阶段、吊装钢筋骨架浇筑混凝土阶段以及后期对构件检测阶段。其制作工艺流程如图 5-2 所示，详细混凝土叠合板制作如下文所述。

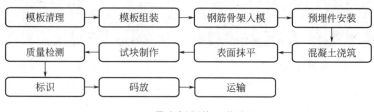

图 5-2　叠合板制作工艺流程图

1.　模板清理

模板组装前，应将模板清理干净，尤其要注意将底模、侧模与侧模接合处的灰浆和粘贴的胶条清理干净。模板与混凝土接触面用棉丝擦拭干净，如图 5-3 所示。

2.　模板组装

在模板组装前，将模板上的残渣、铁锈等杂物清理干净，并涂刷隔离剂。底模侧边内镶嵌的密封条每番更换一次，打完一番清理干净后再重新粘贴入底模侧边。重复使用的密封条应保证固定牢固，位置合理，凸出部分不宜过多。

图 5-3　清洗模板

图 5-4　钢筋骨架入模

3. 钢筋骨架入模

将钢筋骨架用桥式起重机吊起平稳放入模内，为控制钢筋保护层厚度，用工艺吊钩将骨架吊起，或用塑料垫块将骨架支起，如图 5-4 所示。预埋件用螺栓临时固定于侧模及压杠上，其钢筋骨架堆放如图 5-5 所示。

4. 预埋件安装

对入模安装的预埋件应核对其型号、规格尺寸，检查其加工制作质量，不符合要求的不得使用。预埋件必须有可靠的固定定位措施，预埋件堆场如图 5-6 所示。

图 5-5　钢筋骨架堆场

图 5-6　预埋件堆场

5. 混凝土浇筑

浇筑混凝土在钢筋骨架埋件位置确认后进行，混凝土拌合物由罐车运来卸至浇灌吊斗中进行浇筑，灰斗口距操作面不大于 60cm。混凝土采用振动棒振捣，要依次振捣，不要将振动棒振到模板，并注意模板周边和埋件下的混凝土密实。

6. 表面抹平

混凝土成型后，按要求处理好上表面，并将多余的混凝土渣清理干净。叠合板上表面应做成凸凹面不小于 4mm 的人工粗糙面。

7. 试块制作

同种配合比的混凝土每工作班取样一次，做抗压强度试块不少于 4 组（每组 3 块），分别代表出模强度、出厂强度及 28d 强度，一组同条件备用。试块与构件同时制作，同条件蒸汽养护，构件脱模前由试验室进行混凝土试块抗压试验并出具混凝土抗压强度报告。

8. 质量检测与评定

应对叠合板进行外观以及尺寸检验，要求外观不应有露筋、孔洞、蜂窝、麻面气孔、起砂掉皮、缺棱掉角及裂缝等缺陷；并用钢尺检验构件长度、厚度、弯曲等允许偏差。

9. 标识

在叠合板表面上注明工程名称、型号、生产日期等内容，并统一加合格标志。

10. 码放

构件叠层码放时，垫木均应上下对正并垫实，每层构件间的垫木应在同一垂直线上，竖直传力；叠层码放构件应尽可能型号、规格、尺寸一致，码放架如图5-7所示。

11. 运输

运输重叠码放时，垫木应上下对齐，固定构件的缆绳与构件接触处增加护角，防止磕碰损坏棱角。装卸构件时，应考虑车体平衡，底

图 5-7　码放架示意图

面应垫平整、坚实；底部垫木不能垫支在板底部边角，距离边角200mm以上，避免崩边；同车装两块情况，块体之间、块体与车体之间，距离应均匀。

5.6　混凝土夹心墙板制作实例

混凝土夹心墙板在制作过程中，同样包括组装模板阶段、吊装钢筋骨架浇筑混凝土阶段以及后期对构件检测阶段。其制作工艺流程如图5-8所示，详细混凝土夹心墙板制作如下文所述。

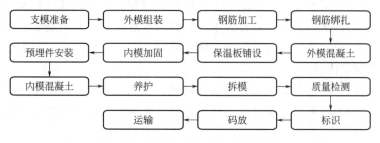

图 5-8　混凝土夹心墙板工艺流程图

1. 支模准备

支模前应选择合理的模具并且检查模具，不得有铁锈、油污及混凝土残渣，根据生产计划合理选取模具，对模板定期进行检查并做好检查记录。

2. 外模组装

外模组装为防止浇筑振捣过程中漏浆，应在组装前贴双面胶或者组装后打密封胶。侧模与底模、顶模组装后必须在同一平面内并校对尺寸，然后使用磁盒进行加固。

3. 钢筋加工

钢筋下料必须严格按照设计及下料单要求，制作过程中应当定期、定量检查，对于不符合设计要求及超过允许偏差的一律不得绑扎，按废料处理。钢筋堆放图如图5-9所示。纵向钢筋（带灌浆套筒）及需要套丝的钢筋应采用无齿锯切割，不得使用切断机下料。

图5-9　钢筋堆放图

4. 钢筋绑扎

对于尺寸、弯折角度不符合设计要求的钢筋不得绑扎，一律退回。需要预留梁槽或孔洞时，应当根据要求绑扎加强筋。对于梁部预留的梁槽，梁内构造筋断开处可不留保护层。

5. 外模混凝土浇筑

按照生产计划混凝土用量搅拌混凝土，混凝土浇筑过程中应注意对钢筋网片及预埋件的保护，浇筑厚度使用专门的工具测量，严格控制，振捣后应当对边角进行一次抹平，保证构件外模与保温板之间无缝隙。

6. 保温板铺设

将制作好的保温板按顺序放入，使用橡胶锤将保温板按顺序敲打密实，特别注意边角的密实程度，严禁上人踩踏，确保保温板与外叶混凝土可靠粘结。

7. 内模加固

将组装好的内模具（绑扎好钢筋）按照提前测量好的位置放到外叶上。确保一次准确，避免来回拖动导致连接件及保温板的挠动，微调至设计尺寸后进行加固，保证内模与保温层之间无缝隙。

8. 预埋件安装

内、外剪力墙灌浆套筒与底模之间不允许存在缝隙，外露纵筋位置及尺寸确保符合设计要求；构件吊钉尾翼钢筋应当根据要求及构件尺寸选取，尾翼钢筋必须绑扎牢固，穿孔处下部不得留有缝隙，防止吊装过程中出现裂缝。

9. 内模混凝土浇筑

混凝土浇筑时，洒落的混凝土应当及时清理，浇筑过程中，对边角及灌浆套筒进行充分有效振捣，避免出现漏振造成蜂窝、麻面现象。浇筑时，按照试验室要求预留试块。

10. 养护

混凝土养护可采用覆盖浇水和塑料薄膜覆盖的自然养护、化学保护膜养护和蒸汽养护方法。梁、柱等体积较大预制构件宜采用自然养护方式；楼板、墙板等较薄预制构件或冬期生产预制构件，宜采用蒸汽养护方式。预制构件采用加热养护时，应制定相应的养护制度，宜在常温下放置 2 ~ 6 h，升温、降温速度不应超过20℃/h，最高养护温度不宜超过70℃，预制构件出蒸养窑的温度与环境温度的差值不宜超过25℃。

11. 拆模

构件拆模应严格按照顺序进行，严禁使用振动、敲打方式拆模；构件拆模时，应仔细检查，确认构件与模具之间的连接部分完全拆除后，方可起吊；起吊时，预制构件的混凝土立方体抗压强度应满足设计要求。

12. 质量检测

应对夹心墙板进行外观以及尺寸检验，要求外观不应有露筋、孔洞、蜂窝、麻面气孔、起砂掉皮、缺棱掉角及裂缝缺陷；并用钢尺检验构件长度、厚度、弯曲等允许偏差。

13. 标识

在夹心板表面上注明工程名称、型号、生产日期等内容，并统一加合格标志。

14. 码放

构件叠层码放时，垫木均应上下对正并垫实，每层构件间的垫木应在同一垂直线上，竖直传力；叠层码放构件应尽可能型号、规格、尺寸一致。

15. 运输

运输重叠码放时，垫木应上下对齐，固定构件的缆绳与构件接触处增加护角，防止磕碰损坏棱角。装卸构件时，应考虑车体平衡，底面应垫平整、坚实；底部垫木不能垫支在板底部边角，距离边角200mm以上，避免崩边；同车装两块情况，块体之间、块体与车体之间，距离应均匀，如图5-10所示[137]。

图 5-10　墙板运输

第6章 装配式混凝土结构施工与质量验收

6.1 施工准备

6.1.1 装配式混凝土结构施工指导文件[152]

装配式混凝土结构施工前，应制定施工组织设计文件，且应根据设计、加工、装配一体化的原则整体策划制定。装配式混凝土结构施工组织设计应体现装配式施工管理特点并结合装配式施工工艺的要求。

施工单位应准确理解设计图纸的要求，掌握有关技术要求及细部构造。根据工程特点和施工规定，进行结构施工复核及验算，编制装配式结构专项施工方案，以发挥装配式混凝土结构建造技术优势。专项施工方案应尽量满足节约资源、缩短工期、提高质量、减少人工等原则。专项施工方案宜包括工程概况、编制依据、进度计划、施工场地布置、预制构件运输与存放、安装与连接施工、绿色施工、安全管理、质量管理、信息化管理、应急预案等内容。其中，进度计划应结合协同构件生产计划和运输计划等；施工场地布置包括场内循环通道、吊装设备布设、构件码放场地等；预制构件运输与存放包括车辆型号及数量、运输路线、发货安排、现场装卸方法等；安装与连接施工包括测量方法、吊装顺序和方法、节点施工方法、防水施工方法、后浇混凝土施工方法、全过程的成品保护及修补措施等；安全管理包括吊装安全措施、专项安全管理措施等；质量管理包括构件安装的专项施工质量管理（如套筒灌浆质量管理等），渗漏、裂缝等质量缺陷防治措施。

装配式混凝土结构施工前及施工过程中，应建立健全安全管理保障体系和管理制度，危险性较大的分部分项工程应经专家论证通过后进行施工。结合装配式施工特点，针对构件吊装、安装施工，施工单位应制定一系列安全专项方案，并满足《建筑施工高处作业安全技术规范》JGJ 80—2016[138]、《建筑机械使用安全技术规程》JGJ 33—2012[139]、《建筑施工起重吊装工程安全技术规范》JGJ 276—2012[140]和《施工现场临时用电安全技术规范》JGJ 46—2005[141]等现行有关标准的规定。

6.1.2 人员

相对于传统现浇混凝土结构，装配式混凝土结构的技能与知识要求有别于以往的传统施工方式要求，应设立与装配式施工技术相匹配的项目部机构和人员，并配置满足装配式施工要求的专业人员。在装配式工程项目施工前，应对相关工作人员进行培训，并开展技术、质量、安全交底工作。培训和交底的对象主要包括一线管理人员、施工作业人员、监理人员等。

　　此外，装配式混凝土结构与传统现浇结构相比，其施工现场劳务工人大幅减少，如木工、钢筋工等，但也增加了新工种需求，如安装工、灌浆工等。其中，安装工主要负责构件就位、调节标高垫片、构件临时固定等作业，熟练掌握各类预制构件的安装固定要点。灌浆工主要负责灌浆料的搅拌制备、灌浆施工作业，灌浆过程中应严格执行灌浆料的配合比要求和灌浆操作规程，经灌浆料厂家培训及考试合格后持证上岗，此外，灌浆工应具有较强的质量意识和责任心。

　　装配式混凝土结构施工劳务队伍具有专业化水平高、协同组织能力强的特点。从施工组织到构件吊装、套筒灌浆施工、节点连接区混凝土浇筑，均为专业化班组作业，接近于产业工人管理模式，项目的实施需要整套的装配混凝土施工组织经验和专业队伍协同作业管理体系。

　　装配式结构施工前应进行有效的劳动组织，具体可参考以下人员用量。

　　（1）施工现场宜按吊装班组配备施工人员，每组所需工作人员，一般 3 ~ 4 人，即：料场负责挂钩 1 人，构件摘钩及位置调整木工 1 人，协调人员 1 人；

　　（2）套筒灌浆施工每组所需工作人员，一般为 3 ~ 4 人，即：搅拌灌浆料 1 人，灌浆操作人员 1 人，封浆操作木工 1 人；

　　（3）施工现场后浇混凝土浇筑人员，一般为 2 ~ 5 人，即：浇筑并振捣 1 ~ 4 人，协调人员 1 人；

　　（4）施工现场应根据具体情况配置合适数量的焊工、钢筋工、电工、木工、起重工、测量员等现场施工人员。

6.1.3　设备及工具

1.　钢筋套筒灌浆设备

　　装配式混凝土结构的竖向钢筋连接目前主要采用灌浆套筒形式。目前，国内钢筋连接用套筒灌浆设备主要可分为两类，手动灌浆枪与电动气压式灌浆泵。其中，手动灌浆枪适用于灌浆量较少的施工作业，例如：单个接头的灌浆或剪力墙水平缝连通腔不长于 30cm 内的少量接头的灌浆，可使用灌浆枪进行灌浆，使用较灵活，但单次灌浆量少、效率低、施工速度慢。电动气压式灌浆泵可有效提升施工效率，保证套筒灌浆密实度，有效缩减施工工期，提升施工质量。电动气压式灌浆设备主要由注浆容器、安全阀、压力调节阀、进气孔、出浆管、加压装置组成。注浆容器可用于暂时性储存搅拌均匀的灌浆料，由压力调节阀保证灌浆压力恒定，通过操控阀门调节出浆量。

　　（1）灌浆气泵

　　灌浆气泵作为整套灌浆设备中重要的一部分，其提供压力的大小与稳定程度关系着灌浆的密实度，因此气泵的选择影响着工程质量和施工进度。通常套筒用灌浆设备所需压力较小，采用小型气泵即可满足施工要求，如图 6-1 所示。

　　（2）搅拌机

　　套筒灌浆施工中对灌浆料的黏稠度、流动性均有要求，因此对搅拌机的要求较高。在套筒灌浆施工中，可采用多功能搅拌机进行灌浆料搅拌，如图 6-2 所示。当灌浆施工作业量较小时，也可采用搅拌枪进行灌浆料搅拌，如图 6-3 所示。

图 6-1　灌浆气泵

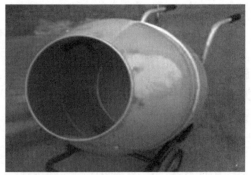

图 6-2　多功能搅拌机

（3）灌浆压力罐

灌浆施工过程中，灌浆料搅拌完毕后，将灌浆料放置在高强不锈钢压力罐中（图6-4），其具有灌浆方便、腔体封闭等优点，可满足批量套筒灌浆作业需求。

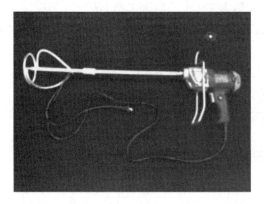

图 6-3　搅拌枪

图 6-4　灌浆压力罐

（4）其他灌浆辅助设备

在灌浆施工中，除了需要以上所述的主要设备外，还需要一些辅助设备，包括搅拌桶、电子秤、测温计、计量杯、圆截锥试模、钢化玻璃、棱柱体试块模具等，以精确测量灌浆料、水、环境与浆料温度及浆体流动度等。

2.　构件安装用工器具

（1）支撑体系

预制构件安装过程中，竖向构件、水平构件等需采用与之配套的支撑体系进行预制构件安装施工工作。其中，预制竖向构件斜支撑结构由支撑杆与U形卡座组成，该支撑体系用于承受预制竖向构件侧向荷载和调整垂直度（图6-5）；预制水平构件支撑结构采用工具式独立支撑系统，该系统由铝合金工字梁、工字梁托座、独立钢支柱和三脚稳定架组成，安装楼板前，应调整支撑至设计标高，以控制标高及平整度，如图6-6所示。

（2）外防护系统

装配式混凝土结构施工用防护系统主要包括三角挂架、SCP型施工升降平台、液压自升式防护体系、工具化附着升降架等。三角挂架由方钢、槽钢、钢管等焊接而成，通过穿

<table>
<tr><td>图 6-5　预制墙板斜支撑支设</td><td>图 6-6　叠合板竖向支撑布置</td></tr>
</table>

墙螺栓与预制墙板连接实现防护功能，如图 6-7 所示。SCP 型施工升降平台是由驱动机构、钢结构平台节组成的单级或多级工作平台，标准节组成的导轨架、附墙及安全装置等组成。液压自升式防护体系通过液压油缸的伸缩，连续顶升防护架体实现防护架体的整体提升。工具化附着升降架是由横梁、斜杆、导轨、立杆组成的空间桁架体系。

（3）吊装配套工具

预制构件吊装过程中需准备的常用工具主要包括吊钩、吊装带、钢丝绳、卡具、垫片、撬棍、手拉捯链、电动捯链、多功能吊装工具（图6-8）等。其中，多功能吊装工具适用于安装预制叠合板、预制梁、预制剪力墙、预制阳台板等各类型预制构件。

<table>
<tr><td>图 6-7　三角挂架外防护</td><td>图 6-8　多功能吊装工具</td></tr>
</table>

3. 起重设备

合理的塔吊选型可有效保证预制构件施工安装效率，因此应结合工程项目实际情况、作业半径、最大预制构件起重量、吊装频次、经济性等综合分析，从而实现塔吊的最优选型。塔吊选型首先取决于工程规模，如小型多层装配式混凝土工程项目，因所需要的吊次不多、吊装高度较低，为增加塔吊覆盖面，经常选用自行式起重机，如汽车式起重机、履带式起重机等经济型起重机。对于常规的装配式混凝土工程项目，尤其是层数较多时，塔吊选型宜选大不选小。

塔吊的布置应根据施工现场实际工作环境和技术经济条件综合确定。一般情况下，装配式建筑施工现场塔吊的布置应遵循如下基本原则：①满足自身爬升和附着的需要；②避免存在吊装盲区；③吊装覆盖面应能满足最重预制构件及各类建筑材料吊装要求，且塔吊位置应靠近预制构件堆料场地，如图6-9所示；④需综合考虑塔吊的拆除过程。

在装配式混凝土结构施工过程中，塔吊吊次应满足现场预制构件施工安装需求，应根据所选塔吊提供的理论吊次进行计算。计算时可按所选塔吊负责的项目区域、每月每周施工安装进度计划、需要塔吊完成垂直运输的预制构件及建筑材料的种类及数量，合理计算出实际需用吊次及理论吊次。当理论吊次大于实际需用吊次，即满足要求；当不满足时，应采取相应措施，如增加每日的施工班次、增加预制构件施工安装配合人员等。

装配式混凝土结构施工安装前，应复核吊装设备的吊装能力。应按现行行业标准《建筑机械使用安全技术规程》JGJ 33—2012[139]的有关规定，检查复核吊装设备及吊具处于安全操作状态，并核实现场环境、天气、道路状况等满足吊装施工要求。

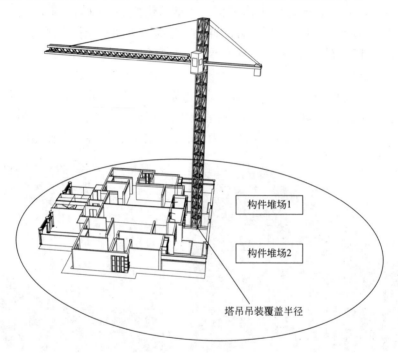

图 6-9　塔吊布置示意

4. 其他工器具

为保证竖向外露钢筋的垂直度，便于预制构件套筒灌浆连接，对后浇区混凝土浇筑前应在钢筋顶部埋置钢筋定位板（图6-10）。为实现墙体后浇区快速浇筑，一般节点后浇区可布置工具式模板（图6-11），且为保证墙体安装的垂直、平整，施工现场应配置靠尺、直角尺、钢卷尺等必备测量工具。

总体上，应根据施工进度计划和深化设计图纸，做好每一项设备及工具的采购、进场计划，各项计划内容要确保无误，以保证施工安装如期开展。

6.1.4　安装用构件及材料

预制构件、灌浆套筒、灌浆料等安装用构件及材料的进场验收应符合《装配式混凝土

图 6-10　定位钢板固定预埋钢筋

图 6-11　后浇工具式模板

建筑技术标准》GB/T 51231—2016[46]、现行国家标准《混凝土结构工程施工质量验收规范》GB 50204—2015[135]、行业标准《钢筋套筒灌浆连接应用技术规程》JGJ 355—2015[58]及产品应用技术手册等有关规定，确保预制构件、安装用构件及材料进场质量。

对预制构件进行有效编号，并保证预制构件的加工制作及运输与施工现场吊装计划相对应，避免因构件未加工及装车顺序错误影响现场施工进度。采用专用运输及堆放工具和有效措施保证预制构件的完整性，尤其是针对预制墙板、预制叠合板等板类预制构件。预制构件运送到施工现场及验收合格后，应吊装至指定构件堆放区域。堆放时，应按吊装顺序、规格、品种等分区域堆放，且应布置在塔吊有效范围内。其中，预制梁、预制柱、预制混凝土叠合板、预制楼梯可采用平放或叠放的方式，放置时应正确选择支垫位置，防止构件发生扭曲及变形。采用叠放时，各层支垫必须在一条垂直线上，最下面一层支垫应是通长的。预制混凝土外挂墙板可采用竖立插放或靠放，插放架应具有足够刚度，插放及吊装时应对预制外挂板底部及饰面做好质量保护工作。

装配式混凝土结构安装施工前，应核对已施工完成的结构、基础外观质量和尺寸偏差，确认混凝土强度和预留预埋符合设计要求，并应核对预制构件的混凝土强度以及预制构件及配件的型号、规格、数量等符合设计要求。根据施工进度计划和深化设计图纸，做好每一项预制构件、灌浆料等安装用构件及材料的采购、进场计划，各项计划内容要确保无误。

6.1.5　测量放线

装配式混凝土结构的核心特征为施工现场存在大量的吊装安装工作，为保证构件的快速高效安装，应做好测量放线工作，主要包括预制构件上弹线、定位放线等。安装施工前，应制定安装定位标识方案，根据安装连接的精细化要求，控制合理误差。安装定位标识方案应按照一定顺序进行编制，标识点应清晰明确，定位顺序应便于查询标识。测量放线应符合现行国家标准《工程测量标准》GB 50026—2020[142]的有关规定。

预制剪力墙、预制柱等竖向构件相应位置弹出相对标高1000mm控制线及预制构件中线。此外，应在已安装完成水平面的上层预制构件的待安装位置，进行相应的放线标识，以方便在上层预制构件吊装安装时，对构件位置进行调整。

6.1.6 构件预拼装

1. BIM技术应用

BIM与装配式建筑是信息化和工业化的深度融合。装配式建筑的典型特征是标准化的预制构件或部品在工厂生产，运输至施工现场组装成整体。装配式建筑是采用工厂化生产的构件，通过工业化装配式技术组装成建筑整体，其构件生产和现场组装精度要求较高。施工图深化设计是在施工图设计基础上进行的二次设计，包括构件设计详图、构件平面布置图等。装配式建筑BIM模型搭建，通常在施工图深化设计完成的基础上进行。

BIM三维模型可实现提前演示施工中的重点、难点和工艺复杂的施工区域，多角度、全方位查看模型。依据BIM三维模型可以研究施工的可行性及难点，在施工前就可以预先判断存在的问题，增加与设计方的交流与沟通，降低返工率。这样不仅能够提高交底工作的效率，还便于工人理解相关的工作内容，使交底内容明确直观，方便对分包工程的质量控制。另一方面，可利用BIM模型搭建虚拟样板间及复杂连接节点，如图6-12、图6-13所示。采用虚拟建造，取代现场样板间制作，可有效节约成本，指导现场施工，满足绿色施工要求。

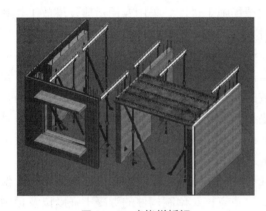
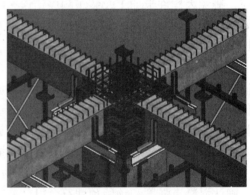

图6-12 虚拟样板间　　　　　　　　　图6-13 BIM技术节点深化

2. 构件预拼装

为避免由于设计或施工经验缺乏造成工程施工安装障碍或损失，保证装配式混凝土结构施工质量，并不断摸索和积累经验，特提出应通过试生产和试安装进行验证性试验。装配式混凝土结构施工前的试安装，对于没有经验的承包商非常必要，不但可以验证设计和施工方案存在的缺陷，还可以培训人员，调试设备，完善方案。另一方面，对于没有实践经验的新型结构体系，应在施工前进行典型单元和节点的安装试验，验证并完善方案实施的可行性，这对于体系的定型和推广应用具有重要"纠错"和指导意义。并应根据试安装结果及时调整施工工艺，完善施工方案，甚至于调整结构深化设计；也可采用BIM技术进行复杂节点预制构件安装的施工仿真模拟。

6.2　装配式混凝土框架结构施工 [146-151]

装配式混凝土框架结构是由预制梁、板、柱等预制构件通过可靠连接方式并与现场后浇混凝土、水泥基灌浆料形成整体的装配式混凝土框架结构，简称装配式框架结构。本节重点介绍装配式混凝土框架结构预制构件的施工安装技术。

装配式混凝土框架结构标准层施工工艺流程如图6-14所示。

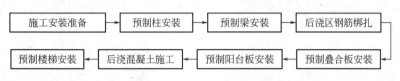

图 6-14　装配式混凝土框架结构标准层施工流程

6.2.1　预制柱安装

1. 安装准备

构件安装前，应清洁结合面，弹出预制柱外轮廓控制线，并对预制柱安装面先抄平，可选用钢垫片调整接缝厚度和底部标高，一般情况下接缝厚度宜控制在 10 ~ 20mm 之间。

2. 柱吊装就位

预制柱宜按照角柱、边柱、中柱顺序进行安装，与现浇部分连接的柱宜先行吊装。预制柱的就位以轴线和轮廓线为控制线。柱就位时一般可先定位一个钢筋连接孔洞，则其他钢筋可比较准确地套入预留孔，如图6-15所示。

3. 柱支撑安装

柱就位后及时对柱的位置进行调整，然后用支撑在两个方向将柱临时固定，用可调斜撑校正柱垂直度，预制柱完成垂直度调整后应在柱子四角缝隙处加塞刚性垫片，如图6-16所示。

图 6-15　预制柱吊装就位　　　　　图 6-16　柱支撑安装

4. 柱纵向钢筋套筒灌浆施工

柱纵向钢筋连接应确保下层柱预留钢筋能完全进入上层预制柱，并确保钢筋伸入套筒内的长度不小于 $8d$（d 为连接钢筋直径）。灌浆前，柱脚连接部位宜采用模板封堵或采用水泥砂浆封堵，然后采用专用套筒灌浆料对柱体下部套筒与钢筋之间的间隙进行灌浆，如图6-17所示。

5. 安装柱头钢筋定位板

为防止浇筑时振动棒导致柱钢筋偏位，在预制柱上侧节点核心区浇筑之前，可在每个柱头套上定位钢板（图6-18），定位钢板孔洞内套装专用"烟囱型"套筒，以便拆模时方便拆除。

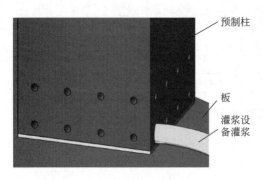

图 6-17　柱底钢筋套筒灌浆　　　　　　图 6-18　柱头钢筋定位板

6.2.2　预制梁安装

预制梁的安装顺序宜遵循先主梁后次梁、先低后高的原则，下面分别介绍预制主梁及预制次梁的安装工艺流程。

1.　预制主梁安装

（1）主梁吊装准备

吊装前按施工方案搭设支撑，一般主要为梁端部接头处及跨中支撑，并校正支架的标高，确保与梁底标高一致，并在柱上弹出梁边控制线。主梁吊装施工前，宜按施工图提前穿设主梁顶部钢筋并临时固定。吊装前应复核柱钢筋与梁钢筋位置、尺寸，梁钢筋与柱钢筋位置有冲突的，应按经设计单位确认的技术方案调整。

（2）主梁吊装就位

预制梁的吊装宜采取专用吊装钢梁辅助吊装，起吊前调节好预制梁吊装时的水平度。预制梁吊装至预制柱外露纵筋以上0.5m左右后，调整梁的位置，缓缓降落。安装时梁深入支座的长度和搁置长度应符合设计要求。

（3）调整主梁位置

梁安装就位后，应及时对梁的位置进行调整并调节支撑件标高，保证其充分受力，之后方可摘除吊钩。

（4）主梁钢筋连接

主梁底部钢筋连接可采用直螺纹套筒和灌浆套筒连接，也可以采用钢筋锚固板及钢筋弯锚形式在节点核心区锚固。采用直螺纹套筒和灌浆套筒的装配式梁柱节点连接结构如图6-19所示，所用灌浆套筒为加长型灌浆套筒，其加长段的长度为连接钢筋套丝段长度，待主梁钢筋螺纹段连接完成后，采用专用套筒封堵材料封堵灌浆套筒，然后用专用灌浆料对梁底部灌浆套筒与钢筋之间的间隙进行灌浆。采用钢筋锚固板或钢筋弯锚形式时，应根据梁底钢筋数量合理布置钢筋位置。

主梁顶部后浇层负弯矩钢筋按照施工图进行布置，并与箍筋绑扎固定。

2.　预制次梁安装

预制主梁安装完成后，预制次梁按照与主梁相同的方式进行吊装准备、吊装就位及位

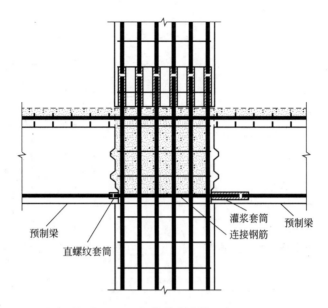

图 6-19　梁柱节点连接示意图

置调整。完成预制次梁位置及标高调整后，进行预制主次梁钢筋连接施工，预制主次梁钢筋连接可通过已制作好的次梁底部搭接钢筋与预制主梁已预埋的直螺纹套筒连接，如图 6-20 所示。也可采用搁置式牛担板连接、主梁预留后浇槽口、次梁设置后浇段等形式完成主次梁连接。梁底钢筋连接完成后，根据施工图布置次梁顶部钢筋并与箍筋绑扎固定。

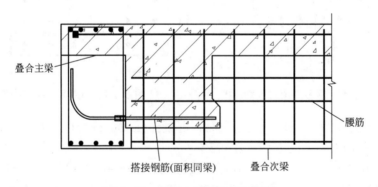

图 6-20　预制主次梁连接示意图

3. 预应力工程施工安装

装配式混凝土框架结构如采用装配式后张拉预应力混凝土框架结构体系，预应力分项工程的施工安装按照以下步骤进行。

（1）节点区预应力孔道连接方法采用波纹管进行连接，具体连接方法如图 6-21 ~ 图 6-24 所示。其中，预制梁端预留预应力孔道上安装波纹管接头管宜在现场地面上完成。连接预制梁间的预应力波纹管时，应保证波纹管连接处的密闭性，防止出现混凝土浇筑时管道堵塞。

（2）在结构两侧预应力端头锚具安装时，应采取有效措施固定锚具位置。

（3）穿设预应力钢筋。穿束时可采用穿束机整束穿设。

135

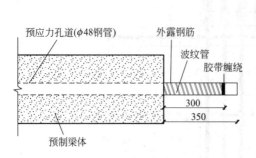

图 6-21　安装波纹管的预制梁

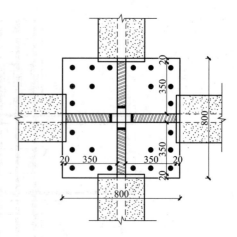

图 6-22　节点区预制梁吊装完成

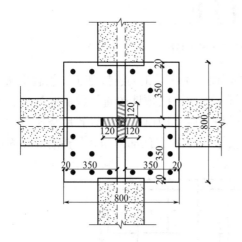

图 6-23　节点区预制梁波纹管连接

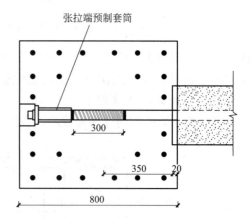

图 6-24　节点区张拉端锚具安装

（4）张拉预应力筋。预应力筋张拉时，混凝土强度应符合设计要求，当设计无要求时，不应低于采用的混凝土强度等级的 75%。

（5）预应力筋孔道灌浆。灌浆前应全面检查预应力筋孔道、灌浆孔、排气孔、泌水管等是否通畅。灌浆设备的配备必须确保连续工作条件，并选用合适的灌浆泵。灌浆孔设置在张拉端部（预制钢套管上开孔设置），灌浆孔采用钢管且孔壁套丝，便于与灌浆管进行连接。

（6）封锚。预应力锚固端头如采用穴模方式，预应力张拉完成后采用细石混凝土将凹槽填平。

6.2.3　后浇区钢筋绑扎及模板支设

1. 梁柱节点后浇区模板支设

支设梁柱节点后浇区域模板时，宜采用定型模板，也可采用周转次数较少的木模板或其他类型复合板，但应保证后浇混凝土部分形状、尺寸和位置准确。模板与预制构件接缝处可采用粘贴密封条等，以防止漏浆。

2. 楼梯梁、平台板钢筋及其模板施工

（1）支设梯梁及平台板模板，模板宜采用定型模板。

（2）完成梯梁及平台板的钢筋绑扎。

（3）与预制柱连接位置的现浇剪力墙钢筋、模板施工。

如采用装配式框架–现浇剪力墙的结构形式，现浇剪力墙按以下步骤施工：①绑扎现浇剪力墙区域钢筋，并将现浇剪力墙水平向钢筋与预制柱预埋的直螺纹钢筋套筒连接或与其甩出的水平钢筋搭接连接；②支设现浇剪力墙模板，模板宜采用可周转次数多、标准化、模块化的定型模板。

6.2.4　预制叠合板安装

1. 预制叠合板支撑安装

预制叠合板吊装前，应合理布置临时支撑架体，根据结构层高及施工荷载大小，选用可调节三角架支撑（图6-25），或其他可靠的临时支撑体系，支撑间距应计算确定。预制叠合板吊装前，应先弹出板边线和板端控制线。

2. 预制叠合板吊装就位

预制叠合板吊装时，应使叠合板保持水平，然后吊至作业层上空，在叠合板吊至梁上方0.5m左右时，调整叠合板位置，注意避免叠合板预留钢筋与预制梁钢筋碰撞，缓慢下落，准确就位。

用木质小撬棍将叠合板调整至图纸要求位置，调节支撑立杆，确保所有立杆全部受力，并保证该部位混凝土的标高。其中，在结构层施工中，一般应双层设置支撑，待本层叠合楼板结构施工完成后，达到设计强度时，才可以拆除下一支撑。

3. 绑扎叠合板板缝及叠合层负弯矩钢筋

叠合层钢筋一般为双向单层钢筋，绑扎钢筋前清理干净叠合板上杂物，根据钢筋间距绑扎，钢筋绑扎时穿入叠合楼板上的桁架，严格控制上部钢筋的弯钩朝向符合设计要求。当双向配筋的直径和间距相同时，短跨钢筋应放置在长跨钢筋之下；当双向配筋直径或间距不同时，配筋大的方向应放置在配筋小的方向之下。

4. 支设叠合板后浇区域模板

在叠合板拼缝处支设后浇区域模板时，可采用吊模等技术施工，在模板与预制构件接缝处粘贴密封条，防止漏浆。

6.2.5　预制混凝土阳台板安装

1. 预制阳台板支撑安装

预制混凝土阳台板吊装前，应检查确定阳台型

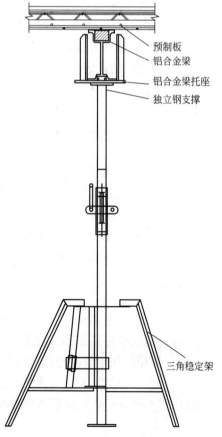

预制板
铝合金梁
铝合金梁托座
独立钢支撑

三角稳定架

图 6-25　折叠三角架支撑体系示意图

号，并在外墙上放线确定阳台位置，安装前应搭设支撑用钢管脚手架，预制阳台板标高可采用可调U托进行调节。

2. 预制阳台板吊装就位

（1）将钢丝绳穿入预制板上面预埋吊环内，确认连接紧固后，缓慢起吊。

（2）将预制阳台利用塔吊缓缓吊起，待板的底边升至距地面0.5m时略作停顿，再次检查吊挂是否牢固，板面有无污染破损，若有问题必须立即处理。确认无误后，继续提升使之慢慢靠近安装作业面。

（3）待预制阳台靠近作业面上空0.5m处略作停顿，施工人员手扶阳台板调整方向，将板的边线与墙上的安放位置线对准，缓缓放下就位，并用U托进行标高调整。

3. 绑扎阳台板叠合层负弯矩钢筋

绑扎钢筋前先清理干净叠合板顶杂物，然后根据钢筋间距绑扎预制阳台板负弯矩钢筋。

4. 支设阳台板后浇区模板

支设阳台板拼缝等后浇区域模板时可采用吊模等技术施工，模板与预制构件接缝处可采用粘贴密封条等，以防止漏浆。

6.2.6 预制楼梯安装

1. 安装准备

在楼梯洞口外的板面放样楼梯上、下梯段板控制线；在楼梯平台上画出安装位置（左右、前后控制线）；在相应位置画出标高控制线。

2. 预制楼梯安装就位主要流程

（1）在梯段上下口梯梁处铺2cm厚M10水泥砂浆找平层，找平层标高要控制准确，M10水泥砂浆宜采用成品干拌砂浆。

（2）弹出楼梯安装控制线，对控制线及标高进行复核，控制安装标高。楼梯侧面距结构墙体预留3cm左右空隙，为保温砂浆抹灰层预留空间。

（3）起吊：预制楼梯梯段采用水平吊装，吊装时应使踏步平面呈水平状态，便于就位。吊环形式同PC飘窗吊装用吊环，将吊装吊环用螺栓与楼梯板预埋的内螺纹连接，以便钢丝绳吊具及捯链连接吊装。板起吊前，检查吊环，用卡环销紧。

（4）楼梯就位：就位时楼梯板保证踏步平面呈水平状态从上吊入安装部位，在作业层上空30cm左右处略作停顿，施工人员手扶楼梯板调整方向，将楼梯板的边线与梯梁上的安放位置线对准，放下时要停稳慢放，严禁快速猛放，以避免冲击力过大造成板面震折裂缝。

（5）校正：基本就位后再用撬棍微调楼梯板，直到位置正确，搁置平实。安装楼梯板时，应特别注意标高正确，校正后再脱钩。

3. 楼梯段与平台板连接部位施工

楼梯段校正完毕后，根据图纸要求进行相应的焊接连接及灌浆施工，接缝部位灌浆宜采用强度不低于C35的灌浆料进行灌浆。

6.3　装配式混凝土剪力墙结构施工

装配式混凝土剪力墙结构是由全部或部分剪力墙采用预制墙板构建而成，简称装配式剪力墙结构。本节重点介绍装配式混凝土剪力墙结构预制墙板构件的施工安装技术，其他施工工艺与装配式框架结构类似，可参考6.2节。

6.3.1　标准层施工流程

装配式混凝土剪力墙结构标准层施工工艺流程如图6-26所示，可供装配式混凝土剪力墙结构施工参考，施工流程中的预制梁安装主要指装配式剪力墙结构中的预制连梁等。除预制剪力墙板安装外，装配式混凝土剪力墙结构标准层的施工流程可参考6.2节装配式混凝土框架结构施工。

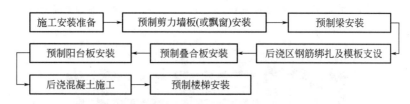

图 6-26　装配式混凝土剪力墙结构标准层施工流程

6.3.2　预制剪力墙板安装

1. 安装准备

构件安装前，应清洁结合面，弹出预制墙板四周控制线，并对预制剪力墙板安装面先抄平，可选用钢垫片调整接缝厚度和底部标高，一般情况下接缝厚度宜控制在10 ~ 20mm。

2. 预制剪力墙板吊装就位

预制墙板的安装宜按照先外墙后内墙的顺序进行安装，且与现浇部分连接的预制墙板宜先行吊装，如图6-27所示。预制墙板的就位以轴线和外轮廓线为控制线，采用灌浆套筒连接、浆锚搭接连接的墙板需要分仓灌浆时，应采用坐浆料进行分仓。

3. 预制墙板支撑安装

预制墙板就位后及时对墙板位置进行调整，墙板安装位置采用支撑螺杆上的可调螺杆及墙底垫片进行调节固定，保证预制墙板的水平位置、垂直度、高度等，如图6-28所示。

4. 纵向钢筋套筒灌浆施工

预制纵向钢筋连接应确保下层预制墙板预留钢筋能完全进入上层预制墙体，并确保钢筋伸入套筒内的长度不小于8d（d为连接钢筋直径）。灌浆前，预制墙体连接部位宜采用模板封堵或采用水泥砂浆封堵，然后采用专用套筒灌浆设备对构件预埋套筒进行灌浆。

5. 安装预制墙板上部钢筋定位板

为防止浇筑时振动棒导致预制墙板竖向连接钢筋偏位，预制墙板上部混凝土后浇区浇筑前，外露钢筋应套上定位钢板（图6-29），以保证完成浇筑混凝土后的墙板上部外露钢筋的位置。

图 6-27　预制剪力墙板吊装就位　　　图 6-28　预制墙板支撑安装

图 6-29　预制墙板钢筋定位板

6.4　钢筋套筒灌浆连接施工

钢筋套筒灌浆连接是在金属套筒中插入单根带肋钢筋并注入灌浆料拌合物，通过拌合物硬化形成整体并实现传力的钢筋对接连接。自美国 AlFred A. Yee 博士发明钢筋连接用灌浆套筒以来，灌浆套筒由于其连接性能好、安装便捷等优点，在美国、日本等国家和地区应用广泛。随着国家和各地方政府对产业化施工、绿色施工的不断重视和政策支持，装配式建筑技术在国内发展较快，灌浆套筒的研究及应用也更为广泛并逐步成熟。目前已颁布的行业标准《钢筋连接用灌浆套筒》JG/T 398—2019[56]、《钢筋连接用套筒灌浆料》JG/T 408—2019[57]、《钢筋套筒灌浆连接应用技术规程》JGJ 355—2015[58]等，已陆续进行标准修订工作。

6.4.1　钢筋连接用灌浆套筒施工质量控制要点

1. 构件制作阶段施工质量控制

构件生产采用的灌浆套筒应采用由接头型式检验确定的相匹配的灌浆套筒。构件制作过程中不宜更换灌浆套筒，如确需更换应重新进行工艺检验及材料进场检验。

对于全灌浆套筒，构件制作阶段施工质量控制应满足以下要求。

（1）构件连接钢筋与灌浆套筒连接时，应保证每根连接钢筋插入套筒内的深度满足灌浆套筒产品的参数要求。

（2）灌浆套筒灌浆孔、出浆孔及套筒上下端部应采取有效措施封堵，防止混凝土浇筑时套筒内部进浆。

（3）构件连接钢筋、灌浆套筒、出浆管及灌浆管应与模板进行有效固定，避免浇筑、振捣混凝土时位置发生错动，如图6-30所示。为保证构件制作完成后灌浆阶段减少漏浆和便于封堵，灌浆管及出浆管的轴线方向应与混凝土表面垂直。

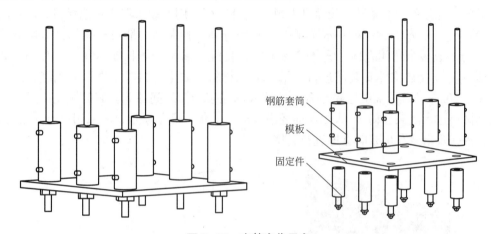

图6-30　套筒定位示意

对于半灌浆套筒，构件制作阶段套筒灌浆段的施工质量控制与全灌浆套筒基本一致，机械连接端的钢筋丝头加工、连接安装、质量检查应符合现行行业标准《钢筋机械连接技术规程》JGJ 107—2016[143]的有关规定，其中钢筋直螺纹连接段安装后应用力矩扳手校核拧紧扭矩，不得欠拧，拧紧扭矩值应符合表6-1的要求。

钢筋直螺纹安装时的最小拧紧扭矩值　　　　　　　　　　　　　　表6-1

钢筋直径（mm）	≤16	18～20	22～25	28～32	36～40
拧紧扭矩（N·m）	100	200	260	320	360

注：直径16mm（不含）以下的钢筋最小拧紧扭矩值可小于100N·m，但应满足套筒灌浆连接的受力要求。

构件制作阶段及运输过程中，应对套筒底部、灌浆孔、出浆孔位置进行覆盖保护处理，防止杂物进入及外露钢筋发生弯折。构件出厂前，应检查清理灌浆套筒内的杂物。

2. 构件安装阶段施工质量控制

套筒灌浆连接施工应采用由接头型式检验确定的相匹配的灌浆套筒、灌浆料。施工过程中不宜更换灌浆套筒或灌浆料，如确需更换，应按更换后的灌浆套筒、灌浆料接头型式检验报告，并重新进行工艺检验及材料进场检验。构件施工安装阶段，全灌浆套筒及半灌浆套筒质量控制基本一致，应满足以下质量控制要求。

（1）灌浆准备阶段

1）装配式结构后浇混凝土施工时，应设置定位器对外露待连接钢筋进行定位保护，避免振动棒碰到外露待连接钢筋，且应保证板顶现浇层混凝土的厚度及平整度，以保证外露钢筋深入灌浆套筒的位置、有效长度和垂直度，并避免钢筋污染。

2）预制构件吊装前应再次检查清理预制构件灌浆套筒内杂物，并对外露连接钢筋进行调直处理。

3）预制竖向构件（如剪力墙、柱等）安装前，应在竖向构件与其底部支撑构件间采用钢垫片进行找平处理，以调整底部标高，保证构件安装时的垂直度。

4）预制竖向构件安装完成后，在进行套筒灌浆前，为保证灌浆质量宜采用连通腔安装，每个区域除预留灌浆孔、出浆孔及排气孔外，可采用速硬水泥或其他材料形成封闭仓体，如图6-31所示。预制柱一般形成一个封闭仓体，预制剪力墙可根据构件宽度分为一个封闭仓体或多个封闭仓体，仓体应保证密封良好且灌浆腔体长度不宜大于1.5m，如图6-32所示。分仓在构件安装前进行，采用分隔材料（如坐浆料等）堆置分隔缝，隔墙宽度不小于20mm，且分隔缝宜位于预制墙体底部灌浆套筒之间的无套筒区域（以避免就位时分隔材料进入灌浆套筒）。采用连通腔灌浆时，为保证灌浆质量，应采用单点灌浆方式，其他灌浆孔及出浆孔出浆时立即进行封堵。

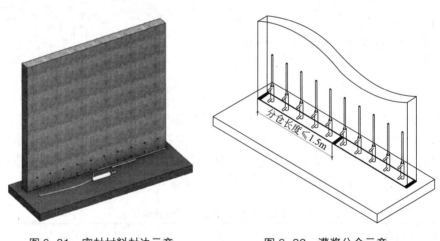

图6-31　密封材料封边示意　　　　图6-32　灌浆分仓示意

5）预制水平构件安装完成后，在进行套筒灌浆施工前，为保证灌浆质量，首先应对每个灌浆套筒进行密封处理。

（2）灌浆施工阶段

1）灌浆料拌合物的加水量应严格按照灌浆料产品说明书称量配制，灌浆料拌合物应采用电动设备搅拌充分、均匀。搅拌均匀后，静置2min左右，然后注入灌浆机中进行灌浆作业。其中，同一班次同一批号的灌浆料至少进行一次浆体流动度测试，灌浆料流动度小于300mm时，不得应用于灌浆施工。

2）预制竖向灌浆施工时，首先将所有灌浆口、出浆口塞堵打开；将拌制好的浆体倒入灌浆机，启动灌浆机，待灌浆机嘴流出的浆液成线状时，将灌浆嘴插入预制构件的灌浆孔内，开始灌浆，一端的套筒灌浆口向另一端进行灌浆，严禁两个灌浆口同时灌浆。灌浆一段时间后，其他下灌浆孔及上排出浆孔会逐个流出浆体，待浆体成线状流出时，依次将溢出灌浆料的排浆孔用橡胶塞堵塞住，待所有套筒出浆孔均有灌浆料溢出时，保压1min后停止灌浆，将灌浆孔封堵，填写灌浆记录表，并留存影像资料。

3）预制水平构件灌浆施工时，一般应采用手持灌浆设备逐个灌浆，灌浆孔、出浆孔应在套筒水平轴上方±45°的范围内，并安装有孔口超过灌浆套筒外表面最高位置的连接管或接头。当套筒灌浆孔、出浆孔连接管的灌浆料拌合物均高于灌浆套筒外表面最高点时，停止灌浆，填写灌浆记录表，并留存影像资料。

4）灌浆施工作业开始后，灌浆施工必须连续进行，不可间断，搅拌完成后宜在30min内完成灌浆工作。

5）灌浆施工时，施工现场环境温度应满足灌浆料产品说明书要求。一般情况下，采用常温灌浆料时应在5℃以上环境温度下进行灌浆施工。当采用低温灌浆料时，可根据产品说明书在相应温度以上进行灌浆施工，采用低温套筒灌浆料施工时需编写冬季套筒灌浆施工方案，并应通过专家论证。当环境温度高于30℃时，为保证浆体流动性能，应提高灌浆施工效率并采取有效措施降低灌浆料拌合物的温度，减少浆体水分蒸发与流失。

6）灌浆操作全过程应有专职检验人员负责现场监督并形成现场施工检查记录；灌浆套筒连接接头试件及灌浆试块的强度检验试件的留置数量应符合验收及施工质量控制要求。

6.4.2　灌浆套筒施工质量验收控制要点

针对钢筋套筒灌浆连接施工的不可逆以及作业完成后检验难等特点，工程项目采用套筒灌浆连接技术施工前，应由接头提供单位提交所有接头和灌浆料的有效的型式检验报告。一般情况下，接头提供单位为提供技术并销售灌浆套筒、灌浆料的单位。如由施工单位单独采购灌浆套筒、灌浆料进行工程应用，此时施工单位即为接头提供单位，施工前应按《钢筋套筒灌浆连接应用技术规程》JGJ 355—2015[58]的有关规定完成不同规格钢筋套筒的型式检验。未取得型式检验报告的灌浆套筒及灌浆料不得用于工程项目中，以免造成不必要的损失。

1. 预制工厂检验

（1）外观质量、标识和尺寸偏差检验

灌浆套筒进入工厂时，应抽取灌浆套筒检验外观质量、标识和尺寸偏差，检验结果应符合《钢筋连接用灌浆套筒》JG/T 398—2019[56]及《钢筋套筒灌浆连接应用技术规程》JGJ 355—2015[58]的规定。

（2）套筒灌浆连接接头试件抽样检验

灌浆套筒进入工厂时，应采用与之匹配的灌浆料制作连接接头试件，接头试件应模拟施工条件，并按施工方案制作；接头试件应进行抗拉强度检验，检验结果应满足《钢筋套筒灌浆连接应用技术规程》JGJ 355—2015[58]的规定。

（3）工艺检验

采用预埋钢筋套筒的预制构件制作前，应对不同钢筋生产企业的进厂钢筋进行灌浆套筒工艺检验，其检验内容及结果应满足《钢筋套筒灌浆连接应用技术规程》JGJ 355—2015[58]

的规定。

（4）半灌浆套筒机械连接检验

对于半灌浆套筒连接，机械连接端的钢筋丝头加工、连接安装、质量检查应符合《钢筋机械连接技术规程》JGJ 107—2016[143]的有关规定。

2. 施工现场检验

（1）灌浆料进场抽样检验

灌浆料进场时应进行灌浆料检验，应对灌浆料的30min流动度、泌水率及3d抗压强度、28d抗压强度、3h竖向膨胀率、24h与3h竖向膨胀率差值进行检验。检验结果应满足《钢筋连接用套筒灌浆料》JG/T 408—2019[57]及《钢筋套筒灌浆连接应用技术规程》JGJ 355—2015[58]的规定。

（2）工艺检验

灌浆施工前，应对不同钢筋生产企业的进场钢筋进行灌浆套筒工艺检验，其检验内容及结果应满足《钢筋套筒灌浆连接应用技术规程》JGJ 355—2015的规定。当构件厂工艺检验灌浆施工单位与施工现场灌浆施工单位相同且套筒灌浆连接采用的钢筋相同时，灌浆施工前可不进行工艺检验，否则应重新进行工艺检验。

（3）外观质量、标识和尺寸偏差检验

当施工现场后浇连接区采用灌浆套筒连接时，进入施工现场的灌浆套筒外观质量、标识和尺寸偏差检验应满足《钢筋套筒灌浆连接应用技术规程》JGJ 355—2015的有关规定。

（4）套筒灌浆连接接头试件抽样检验

当施工现场后浇连接区采用灌浆套筒连接时，进入施工现场的套筒灌浆连接接头试件抽样检验应满足《钢筋套筒灌浆连接应用技术规程》JGJ 355—2015的有关规定。

（5）灌浆料试块及平行试件检验

灌浆施工中，应制作灌浆料强度试块，以及采用与灌浆施工作业相同灌浆工艺的灌浆套筒连接接头试件。其制作要求与数量及检验结果应满足《钢筋连接用套筒灌浆料》JG/T 408—2019、《钢筋连接用灌浆套筒》JG/T 398—2019、《钢筋套筒灌浆连接应用技术规程》JGJ 355—2015及《钢筋机械连接技术规程》JGJ 107—2016的规定。

钢筋灌浆施工质量直接影响套筒灌浆连接接头受力性能，当施工过程中灌浆料抗压强度不符合要求时，可采取试验检验、设计核算等方式处理，技术处理方案应由施工单位提出，设计单位认可后进行。对于无法处理的灌浆质量问题，应切除或拆除构件，并保留连接钢筋，重新安装替换构件和进行灌浆施工。

6.5 装配式混凝土结构施工用塔吊的选型与布置

塔吊即塔式起重机，自1900年在西欧发明之后，成功解决了建筑建造过程中的施工材料及机械设备吊运问题，有力推动了建筑业的发展，是建筑行业发展中一次重要的技术革命。国内起重设备产业虽起步较晚但发展迅速，随着"工业4.0""中国制造2025"、建筑产业现代化的推进，中大型预制构件及设备的安装任务日渐增多，施工现场塔式起重机的应用极为普遍。目前，建筑构件、建筑材料及建筑设备正朝着大型化、规模化、集成化发展，对于我国建筑施工领域配套起重吊装设备也提出了更高的要求。

在装配式混凝土建筑施工安装过程中，塔吊作为必不可少的施工机械设备，被广泛用于安装预制构件、后浇区钢筋及模板支撑等施工安装过程中。由于塔式起重机具有施工效率高、施工范围广、有效起重高度大等优点，给装配式混凝土建筑的施工安装提供了极大便利。本节将结合实际装配式建筑工程项目，重点介绍塔式起重机在装配式建筑中的选型、布置原则、运行效率及塔吊锚固等关键技术。

6.5.1　塔吊选型

在装配式混凝土建筑施工中，塔吊的选型是一项至关重要的工作。合理的塔吊选型可有效保证预制构件施工安装效率，因此应结合工程项目的实际情况、作业半径、最大预制构件起重量、吊装频次、经济性等综合分析，从而实现塔吊的最优选型。表6-2列举了常见装配式建筑施工项目中的塔吊选型，表6-3中为各起重机型号的主要参数。在装配式建筑施工中，塔吊选型主要需考虑以下几方面：

（1）塔吊选型首先取决于工程规模。如小型多层装配式混凝土工程项目，可选择小型经济型起重机，因小型工程所需要的吊次不多、吊装高度较低，为增加塔吊覆盖面，常选用自行式起重机，如汽车式起重机、履带式起重机，见表6-2中陕西建工产业现代化一期办公楼装配式框架项目。一般情况下，装配式混凝土工程项目，尤其是高层建筑的塔吊选型，宜选大不选小，因垂直运输能力直接决定结构施工速度的快慢，应对不同形式塔吊的差价与加快进度的经济效果进行综合比较，从而做出合理选择。

（2）塔吊选型应满足平面布置的要求，应根据平面布置图选择合适吊装半径的塔吊，保证吊装时施工安装场地无盲区，并检验构件堆放区域是否在吊装半径内，避免二次移位。

（3）塔吊选型应满足工程项目预制构件最大起重量的要求，主要考虑项目施工过程中，最远端预制构件及最重预制构件对塔吊吊装能力的要求，应根据其存放位置、吊运部位、距塔中心的距离等，综合确定该塔吊是否具备相应起重能力，且确定塔吊型号时应留有余地。

（4）在塔吊变幅方式方面，动臂式塔吊采用改变吊臂的仰角变幅，类似于履带式起重机，而平臂式塔吊采用吊臂上的小车变幅，变幅速度相对比较快，工作效率高，且动臂式塔吊较同吨位、同起重力矩的平臂式塔吊销售价格高，因此高层装配式混凝土剪力墙结构及框架结构一般选择平臂式塔吊。

（5）在平头塔吊、帽头塔吊方面，装配式结构对吊装精度要求高，选择具有较高精度的塔吊可保证吊装质量、提高吊装效率，而平头塔吊相对帽头塔吊吊装精度较高，因此装配式结构一般采用吊装精度相对较高的平头塔吊。

（6）此外，塔吊选型应满足机电设备吊装等其他各专业施工安装的需要。

装配式施工项目起重机选型表　　　　　　　　　　　　　　表 6-2

项目名称	结构形式	起重机型号
北京市大兴区旧宫镇项目	装配式剪力墙结构	H3/36B、QTZ7520
北辰正方总部基地1号楼项目	装配式框架结构	H3/36B

项目名称	结构形式	起重机型号
北京市郭公庄保障房项目	装配式剪力墙结构	H3/36B、QTZ250
成都大丰保障房项目	装配式剪力墙结构	QTZ250
中关村西三旗科技园配套公租房项目	装配式剪力墙结构	TC7520
陕西建工产业现代化一期办公楼项目	装配式框架结构	汽车式起重机

塔吊主要参数表　　　　　　　　　　　　　　　　　　表 6-3

塔吊型号	独立式起升高度（m）	最大臂长（m）	最大起重量（t）	最大倍率起升速度（m/min）	最远端起重量（t）
QTZ250	61	70	16	20	3.0
TC7520	52	75	16	15	2.0
H3/36B	51.2	60	16	15.7	3.4
QTZ7520	50	75	16	20	2.0

6.5.2 塔吊的布置原则

塔吊的布置应根据施工现场实际工作环境和技术经济条件综合确定，一般情况下，装配式建筑施工现场塔吊的布置应遵循如下基本原则：①满足自身爬升和附着的需要；②避免存在吊装盲区；③吊装覆盖面应能满足最重预制构件及各类建筑材料吊装要求，且塔吊位置应靠近预制构件堆料场地；④综合考虑塔吊的拆除过程，且应满足以下要求。

（1）塔吊的布置要充分考虑塔吊的利用率，且预制构件的主要堆放场地应便于起吊，并尽量减小吊运过程中的塔臂转角，以提高塔吊利用率。

（2）塔吊的布置应尽量考虑施工道路位置，满足预制构件卸车要求。此外，施工道路决定着材料的进场路线，也影响着施工场地的平面布局。

（3）塔吊的布置应根据施工平面布置图选择合适吊装半径的塔吊，对最重构件进行吊装分析，确定吊装能力，检验构件堆放区域是否在吊装半径之内。

（4）塔吊的布置位置应避开结构柱、剪力墙和主梁位置，避免后期塔吊拆除后还需进行大量的结构及预制构件施工安装工作。

（5）塔吊布置时应尽量不要距离结构附墙位置过远，以避免造成塔吊附墙杆件过长而增加项目成本及安全风险。同时，塔吊基础布置时尽量布置在塔楼筏板区域外侧，减小塔吊对结构筏板基础的影响，若必须布置在筏板内侧，需经设计院复核确认。

（6）塔吊的布置应尽量不影响邻近结构的施工（包括施工外架等），以避免各工程施工安装进度互相影响。

6.5.3 塔吊运行效率

塔吊运行效率的高低主要取决于塔吊的吊装效率、工人的劳动效率以及工人与塔吊的协同工作效率。为保证装配式混凝土结构施工安装高效有序进行，必须进行严密的劳动组织，各工种分工负责各自岗位的工作。塔吊工作过程中，各工人间通过吊装指挥信号进行信息传递，以保证吊装工作协调一致，避免工作的不协同导致安全隐患以及工时浪费。其中，在塔吊自身吊装效率提升上，小车变幅效率很大程度上影响着塔吊的运行效率，因此小车变幅机构应采用合理的构造形式，当电机、减速机、卷筒、轴承座在同一直线上时，小车变幅机构传动效率高、磨损小，工程上应用较多。

在装配式混凝土结构施工过程中，塔吊吊次应满足现场预制构件施工安装需求，应根据所选塔吊提供的理论吊次进行计算。计算时可按所选塔吊负责的项目区域、每月每周施工安装进度计划、塔吊完成垂直运输的预制构件及建筑材料，合理计算出实际需用吊次及理论吊次。当理论吊次大于实际需用吊次即满足要求。当不满足时，应采取相应措施，如增加每日的施工班次，增加预制构件施工安装配合人员等。实际工程项目中，塔吊每台班的吊次往往达不到理论吊次数，主要由于：①塔吊不能均衡连续作业；②施工过程中，随着结构楼层的增高，每吊次的需用时间相对增长。

以北京市大兴区旧宫镇项目16号楼装配整体式剪力墙结构项目为例，进行装配式结构预制构件的吊次分析。本项目需采用塔吊进行安装的预制构件主要包括预制外墙、预制内墙、预制PCF板、预制叠合板、预制梯段板，其中4～17标准层采用装配式施工，标准层每层构件的吊装总数为181，各类型预制构件所占比例及总吊次见表6-4。根据预制构件形式及塔吊吊运能力等因素综合考虑，构件吊装计算时按照每片预制外墙吊装时间为20min，每片预制内墙吊装时间为18min，每片预制PCF板吊装时间为15min，预制叠合板及预制楼梯吊装时间为10min，如表6-5所示，其中塔吊按照每天运行10h考虑。

预制构件吊次统计　　　　　　表 6-4

构件类别	4～18层构件数量	屋面构件数量	构件总吊次	所占比例（%）
预制外墙	49	—	735	26.7
预制内墙	27	—	405	14.6
预制PCF板	27	—	405	14.6
预制叠合板	72	—	1080	39.0
预制梯段板	6	—	90	3.3
女儿墙	—	51	51	1.9

标准层预制构件吊装时间　　　　　　表 6-5

构件类别	每层数量	每吊次时间（min）	每层吊装时间（min）	每层吊装总时间（d）
预制外墙	49	20	980	
预制内墙	27	18	486	
预制PCF板	27	15	405	4.5
预制叠合板	72	10	720	
预制梯段板	6	10	60	

6.5.4　塔吊附着锚固施工

装配式混凝土高层建筑用塔吊一般均需在塔身中部与建筑物锚固附着，以保持上部机构的稳定。与传统现浇混凝土剪力墙结构不同的是，传统现浇结构可以根据塔吊锚固位置的受力计算，在结构外墙做局部配筋加强处理，附着锚固时所需穿墙洞可在墙体钢筋施工时留置，安装也有足够调整余量。而装配式剪力墙由于附着锚固施工作业时装配式结构外墙尚未形成整体受力，附着点的位置应提前与设计单位联系，经设计单位同意后再进行固定。

为保证可穿过外窗洞口进入内墙锚固，因此给附着锚固施工增加了难度，既要求锚固点受力合理、位置准确，又要保证拉杆的锚固角度。塔机锚固可采用三杆形成近似"N"形附着形式，如图6-33所示。附墙主要受力部件为H形钢梁，钢梁两端底脚与结构墙用穿墙螺栓连接，附着点设置在钢梁上，横、纵两个方向均对应窗口。塔吊附墙点位置处的混凝土墙体及连接钢梁等承受附加荷载后应满足强度要求。

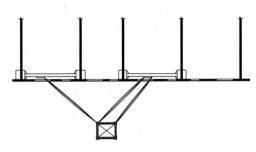

图 6-33　塔吊与装配式结构的附着锚固

在装配式混凝土建筑施工安装过程中塔吊发挥着关键作用，其构件安装主要靠塔吊完成，塔吊的选型、布置及运行效率的高低关系着整个工程的施工进度。为保证塔吊吊装高效有序进行，装配式建筑施工安装前应对预制构件总吊次及吊装时间进行统计分析，并制定详细的施工安装方案。结合工程实际情况，本节有关塔吊的选型、布置等施工技术，可为同类项目提供技术参考。

6.6　装配式混凝土结构检测

装配式混凝土结构用材料、结构构件或连接检测不合格，或对质量有异议时，可进行静载检测，包括结构构件的适用性检测、安全性检测和承载力检测。静载检测方法及结果评定应符合现行国家标准《混凝土结构现场检测技术标准》GB/T 50784—2013的规定。装配式混凝土结构检测过程应采取可靠的安全防范措施，当采用X射线法检测时，检测现场周边的防护措施、检测设备与人员之间的安全距离等应符合国家现行有关标准的规定。

6.6.1　结构用材料检测

钢筋检测应符合现行国家标准《混凝土结构工程施工质量验收规范》GB 50204—2015和《混凝土结构现场检测技术标准》GB/T 50784—2013的规定。

混凝土检测宜包括力学性能、长期性能和耐久性能、有害物质含量及其作用效应等项目，检测方法应符合现行国家标准《混凝土结构现场检测技术标准》GB/T 50784—2013的规定。混凝土力学性能的检测或取样位置应布置在构件无缺陷、无损伤且具有代表性的部位。

装配式混凝土结构后浇混凝土施工后，当预留混凝土试块的抗压强度不合格时，应按现行国家标准《混凝土结构现场检测技术标准》GB/T 50784—2013进行后浇混凝土的现场检测。

连接材料检测应分别满足下列规定。

（1）灌浆料抗压强度检测应在施工现场制作平行试件，套筒灌浆料抗压强度检测应符合现行行业标准《钢筋连接用套筒灌浆料》JG/T 408—2019 的规定，浆锚搭接灌浆料抗压强度检测应符合现行国家标准《水泥基灌浆材料应用技术规范》GB/T 50448—2015 的规定。

（2）坐浆料抗压强度检测应在施工现场制作平行试件，并应符合现行行业标准《钢筋套筒灌浆连接应用技术规程》JGJ 355—2015、《建筑砂浆基本性能试验方法标准》JGJ/T 70—2009 的规定。

（3）钢筋锚固板的检测内容和方法应符合现行行业标准《钢筋锚固板应用技术规程》JGJ 256—2011 的规定。

（4）紧固件，主要包括普通螺栓、扭剪型高强度螺栓、高强度大六角头螺栓及射钉、自攻钉、拉铆钉等，以及焊接材料的检测内容和方法应符合现行国家标准《钢结构工程施工质量验收标准》GB 50205—2020 的规定。

6.6.2 预制构件进场检测

预制构件的生产制作应符合现行国家标准《装配式混凝土建筑技术标准》GB/T 51231—2016 的有关规定。其原材料质量、钢筋加工和连接的力学性能、混凝土强度、构件结构性能、装饰材料、保温材料和拉结件的质量等均应根据国家现行有关标准进行检查和检验，并应具有生产操作规程和质量检验记录。在构件厂内，质量检验应按模具、钢筋、混凝土、预应力、预制构件的试验、检验资料等项目进行。当上述各检验项目的质量均合格时，方可评定为合格产品，预制构件和部品出厂时，应出具质量证明文件。质量证明文件主要包括：出厂合格证、混凝土强度检验报告、钢筋套筒等其他构件钢筋连接类型的工艺检验报告及其他必要的质量证明文件等。

预制构件进场时的检测项目主要包括外观质量缺陷、内部质量缺陷、尺寸偏差与变形等。

外观缺陷检测应包括露筋、孔洞、夹渣、蜂窝、疏松、裂缝、连接部位缺陷、外形缺陷、外表缺陷等内容，受检范围内构件外观缺陷宜进行全数检查；当不具备全数检查条件时，应注明未检查的构件或区域，并应说明原因。检测方法宜符合下列规定。

（1）露筋长度可采用直尺或卷尺量测。

（2）孔洞深度可采用直尺或卷尺量测，孔洞直径可采用游标卡尺量测。

（3）夹渣深度可采用剔凿法或超声法检测。

（4）蜂窝和疏松的位置和范围可采用直尺或卷尺量测，当委托方有要求时，蜂窝深度量测可采用剔凿、成孔等方法。

（5）表面裂缝的最大宽度可采用裂缝专用测量仪器量测，表面裂缝长度可采用直尺或卷尺量测；裂缝深度，可采用超声法检测，必要时可钻取芯样进行验证。

（6）连接部位缺陷可采用观察或剔凿法检测。

（7）外形缺陷和外表缺陷的位置和范围可采用直尺或卷尺测量。

内部缺陷检测应包括内部不密实区、裂缝深度等内容，宜采用超声法双面对测，当仅有一个可测面时，可采用冲击回波法或电磁波反射法进行检测，对于判别困难的区域，应进行钻芯或剔凿验证；具体检测方法应符合现行国家标准《混凝土结构现场检测技术标准》GB/T 50784—2013的规定。对怀疑存在内部缺陷的构件或区域宜进行全数检测，当不具备全数检测条件时，可根据约定抽样原则选择下列构件或部位进行检测：重要的构件或部位及外观缺陷严重的构件或部位。

进场预制构件的尺寸偏差与变形检测应包括截面尺寸及偏差、挠度等内容，检测数量及方法应符合现行国家标准《装配式混凝土建筑技术标准》GB/T 51231—2016和《混凝土结构工程施工质量验收规范》GB 50204—2015的规定。

预制构件上的预埋件、预留插筋、预留孔洞、预埋管线检测应符合现行国家标准《混凝土结构工程施工质量验收规范》GB 50204—2015和《装配式混凝土建筑技术标准》GB/T 51231—2016的规定。预制构件上的预埋件、预留插筋、预留孔洞、预埋管线位置及尺寸的准确对于保证预制构件的顺利安装至关重要，应确保满足设计要求。

6.6.3 预制构件安装后检测

确保装配式混凝土结构后浇混凝土部分尺寸偏差在允许范围内，对后续预制构件的施工安装至关重要。如预制剪力墙底部的现浇楼板表面平整度不符合要求，就可能造成预制剪力墙底部接缝的高度不符合要求，并对后续灌浆施工质量产生不良影响。

预制构件安装后的检测项目主要包括安装施工后的外观缺陷、内部缺陷、位置与尺寸偏差以及结构构件之间的连接质量检测等。

其中，外露钢筋尺寸偏差，现浇结合面的粗糙度和平整度，键槽尺寸、间距和位置等检测项目，宜进行全数检查；当不具备全数检查条件时，应注明未检查的构件或区域，并应说明原因。外露钢筋尺寸偏差可采用直尺或卷尺量测，现浇结合面的粗糙度可参考《装配式住宅建筑检测技术标准》JGJ/T 485—2019进行检测，粗糙面面积可采用直尺或卷尺量测，现浇结合面的平整度可采用靠尺和塞尺量测，键槽尺寸、间距和位置可采用直尺量测。

结构构件安装施工后的位置与尺寸偏差检测数量应符合现行国家标准《混凝土结构工程施工质量验收规范》GB 50204—2015的规定，检测方法可参考下列规定。

（1）构件中心线对轴线的位置偏差可采用直尺量测。

（2）构件标高可采用水准仪或拉线法量测。

（3）构件垂直度可采用经纬仪或全站仪量测。

（4）构件倾斜率可采用经纬仪、激光准直仪或吊坠法量测。

（5）构件挠度可采用水准仪或拉线法量测。

（6）相邻构件平整度可采用靠尺和塞尺量测。

（7）构件搁置长度可采用直尺量测。

（8）支座、支垫中心位置可采用直尺量测。

（9）墙板接缝宽度和中心线位置可采用直尺量测。

结构构件之间的连接质量检测应包括套筒灌浆饱满度与浆锚搭接灌浆饱满度、焊接连接质量与螺栓连接质量检测等。套筒灌浆饱满度与浆锚搭接灌浆饱满度检测应符合要求。构件采用焊接连接或螺栓连接时，连接质量检测应符合现行国家标准《钢结构工程施工质量验收标准》GB 50205—2020的规定。

6.7 装配式混凝土结构工程质量验收

装配式混凝土结构工程应按混凝土结构子分部工程进行验收，装配式混凝土结构部分应按混凝土结构子分部工程的分项工程验收，子分部工程如有其他分项工程项目应符合现行国家标准《混凝土结构工程施工质量验收规范》GB 50204—2015及《建筑工程施工质量验收统一标准》GB 50300—2013的规定。

装配式混凝土结构工程施工用的原材料、部品、构配件均应按检验批进行进场验收。预制构件与预制构件、预制构件与现浇结构之间的连接应符合设计要求。

装配式混凝土结构工程应在安装施工及浇筑混凝土前完成下列隐蔽项目的现场验收：

（1）预制构件粗糙面的质量，键槽的尺寸、数量、位置；

（2）后浇混凝土中钢筋的牌号、规格、数量、位置、间距、锚固长度，箍筋弯钩的弯折角度及平直段长度；

（3）结构预埋件、螺栓、预留专业管线的规格、数量与位置；

（4）预制构件之间及预制构件与后浇混凝土之间的节点、接缝；

（5）预制构件接缝处防水、防火等构造做法；

（6）其他隐蔽项目。

6.7.1 支撑与模板

1. 主控项目

（1）预制构件安装临时固定支撑应稳固可靠，并应全数采用观察且全数检查，并检查施工方案、施工记录或设计文件，使其符合施工方案及相关技术标准要求。

（2）后浇混凝土模板应具有足够的承载能力、刚度和稳定性，对其模板应进行全数检查并检查施工记录，使其符合施工方案及相关技术标准要求。

2. 一般项目

装配式混凝土结构中后浇混凝土模板安装的偏差应符合表6-6的规定。在同一检验批内，对梁和柱，应抽查构件数量的10%，且不少于3件；对墙和板，应按有代表性的自然间抽查10%，且不少于3间。

模板安装允许偏差及检验方法   表 6-6

项目		允许偏差（mm）	检验方法
轴线位置		5	尺量检查
底模上表面标高		±5	水准仪或拉线、尺量检查
截面内部尺寸	柱、梁	+4，−5	尺量检查
	墙	+2，−3	尺量检查
层高垂直度	不大于5m	6	经纬仪或吊线、尺量检查
	大于5m	8	经纬仪或吊线、尺量检查
相邻两板表面高低差		2	尺量检查
表面平整度		5	2m靠尺和塞尺检查

注：检查轴线位置时，应沿纵、横两个方向量测，并取其中的较大值。

6.7.2 钢筋与预埋件

1. 主控项目

（1）钢筋采用机械连接时，其接头质量应符合现行行业标准《钢筋机械连接技术规程》JGJ 107—2016的规定。应按《规程》规定的数量对钢筋机械连接施工记录及平行试件的强度试验报告进行检查，使其符合施工方案及相关技术标准要求。

（2）钢筋采用焊接连接时，应符合现行行业标准《钢筋焊接及验收规程》JGJ 18—2012的规定。应按《规程》规定的数量对钢筋焊接接头检验批质量验收记录进行检查，使其焊缝的接头质量满足设计要求。

2. 一般项目

装配式混凝土结构后浇混凝土中连接钢筋、预埋件安装位置允许偏差应符合表6-7的规定。在同一检验批内，对梁和柱，应抽查构件数量的10%，且不少于3件；对墙和板，应按有代表性的自然间抽查10%，且不少于3间。

连接钢筋、预埋件安装位置的允许偏差及检验方法　　　　　　表 6-7

项　目		允许偏差（mm）	检验方法
连接钢筋	中心线位置	5	尺量检查
	长度	±10	
灌浆套筒连接钢筋	中心线位置	2	宜用专用定位模具整体检查
	长度	3，0	尺量检查
安装用预埋件	中心线位置	3	尺量检查
	水平偏差	3，0	尺量和塞尺检查
斜支撑预埋件	中心线位置	±10	尺量检查
普通预埋件	中心线位置	5	尺量检查
	水平偏差	3，0	尺量和塞尺检查

注：检查预埋件中心线位置时，应沿纵、横两个方向量测，并取其中较大值。

6.7.3 后浇混凝土

1. 主控项目

（1）装配式混凝土结构连接节点和连接接缝后浇混凝土的强度应符合设计要求。应对检查施工记录及试件强度试验报告进行检查，且每工作班同一配合比的混凝土取样不得少于一次，每次取样应至少留置一组标准养护试块，同条件养护试块的留置组数宜根据实际需要确定。

（2）装配式混凝土结构后浇混凝土的外观质量不应有严重缺陷。因此应对构件外观质量和技术处理方案采用观察法进行全数检查，对已经出现的严重缺陷，应由施工单位提出技术处理方案，并经设计、监理（建设）单位认可后进行处理。对经处理的部位，应重新检查验收。

2. 一般项目

装配式混凝土结构后浇混凝土的外观质量不宜有一般缺陷。因此应对构件外观质量和技术处理方案采用观察法进行全数检查，对已经出现的一般缺陷，应由施工单位按技术处理方案进行处理，并重新检查验收。

6.7.4 预制构件进场

1. 主控项目

（1）工厂生产的预制构件，进场时应检查其质量证明文件。应对全数构件的出厂合格证及相关质量证明文件进行观察检查，要求预制构件的质量应符合国家现行相关标准、设计的有关要求。

（2）预制构件进场时，预制构件结构性能检验应符合现行国家标准《装配式混凝土建筑技术标准》GB/T 51231—2016、《混凝土结构工程施工质量验收规范》GB 50204—2015和现行北京市地方标准《预制混凝土构件质量检验标准》DB11/T 968—2021的有关要求。

（3）应采用观察法全数检查预制构件的外观质量及处理记录，要求构件不应有严重缺陷，且不应有影响结构性能和安装、使用功能的尺寸偏差。

（4）应对预制构件表面预贴饰面砖、石材等饰面与混凝土的粘结性能进行按批检查，并检查拉拔强度检验报告，要求其应符合设计和现行有关标准的规定。

2. 一般项目

（1）应对预制构件的外观、技术处理方案和处理记录采用观察法进行全数检查，要求其质量不宜有一般缺陷，对出现的一般缺陷应要求构件生产单位按技术处理方案进行处理，并重新检查验收。

（2）应采用观察法对预制构件应在明显部位标明生产单位、构件型号和编号、生产日期和出厂质量验收标志等表面标识进行全数检查。

（3）应对预制构件尺寸偏差进行检查，其数量应按同一生产企业、同一品种的构件，不超过100个为一批，每批抽查构件数量的5%，且不少于3件。预制构件的尺寸偏差应符合表6-8的规定。

预制结构构件尺寸的允许偏差及检验方法　　　　　　　　　　　表6-8

项目			允许偏差（mm）	检验方法
长度	板、梁、柱、桁架	＜12 m	±5	尺量检查
		≥12 m且＜18 m	±10	
		≥18 m	±20	
	墙板		±4	
宽度、高（厚）度	板、梁、柱、桁架		±5	钢尺量一端及中部，取其中偏差绝对值较大处
	墙板		±3	
表面平整度	板、梁、柱、墙板内表面		4	2m靠尺和塞尺检查
	墙板外表面		3	
侧向弯曲	板、梁、柱		$l/750$且≤20	拉线、钢尺量最大侧向弯曲处
	墙板、桁架		$l/1000$且≤20	

续表

项目		允许偏差（mm）	检验方法
扭翘	板	l/750且≤20	调平尺在两端量测
	墙板	l/1000且≤20	
对角线差	板	6	钢尺量两个对角线
	墙板	5	
预留孔	中心线位置	5	尺量检查
	孔尺寸	± 5	
预留洞	中心线位置	5	尺量检查
	洞口尺寸	± 5	
预埋件	预埋板中心线位置	5	尺量检查
	预埋板与混凝土面平面高差	± 5	
	预埋螺栓、预埋套筒中心位置	2	
	预埋螺栓外露长度	+10，−5	
桁架钢筋高度		+5，0	尺量检查
键槽	中心线位置	5	尺量检查
	长度、宽度	± 5	
	深度	± 5	
连接钢筋外露长度		＋10，0	尺量检查

注：1. l 为构件长度（mm）；
2. 检查中心线、螺栓和孔洞位置偏差时，应沿纵、横两个方向量测，并取其中偏差较大值。

（4）应采用观察法、尺量法对装配式混凝土结构预制构件的粗糙面或键槽进行全数检查，要求其符合设计要求。

（5）应采用观察、轻击检查并与样板对比的方法对预制构件表面预贴饰面砖、石材等饰面及装饰混凝土饰面的外观质量进行按批检查，要求其符合设计要求或有关标准规定。

（6）应采用观察、尺量法对预制构件上的预埋件、预留插筋、预留孔洞、预埋管线等规格型号、数量及产品合格证进行按批检查，要求其符合设计要求。

6.7.5 结构装配施工

1. 主控项目

（1）应对预制构件底部水平接缝坐浆强度按批检验，以每层为一检验批，每工作班同一配合比应制作1组且每层不应少于3组边长为70.7mm的立方体试件，标准养护28d后进行抗压强度试验。并检查坐浆材料强度检验报告及评定记录，要求预制构件底部水平接缝坐浆强度应满足设计要求。

（2）应对钢筋套筒灌浆连接及浆锚搭接连接用的灌浆料按批检验，以每层为一检验批，每工作班应制作1组且每层不应少于3组40mm×40mm×160mm的长方体试件，标准养护28d后进行抗压强度试验，并检查灌浆料强度试验报告及评定记录，要求应符合国家现行有关标准的规定及设计要求。

（3）应全数检查钢筋采用套筒灌浆连接、浆锚搭接连接时，灌浆应饱满、密实，所有出浆孔均应出浆及灌浆施工质量检查记录。

套筒灌浆连接前，应按现行行业标准《钢筋套筒灌浆连接应用技术规程》JGJ 355—2015的有关规定进行钢筋套筒灌浆连接接头工艺试验，试验合格后方可进行灌浆作业。验收时，对钢筋套筒灌浆连接灌浆饱满情况进行检验，通常的检验方式为观察出浆孔浆料流出情况，当出现浆料连续冒出时，可视为灌浆饱满。钢筋套筒灌浆连接灌浆饱满情况可采用可视化饱满度监测器进行观察，如图6-34所示，且可采用该监测器进行补浆。

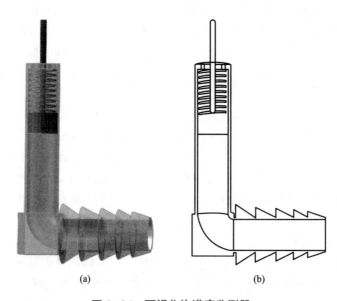

(a)   (b)

图6-34 可视化饱满度监测器

（4）钢筋采用套筒灌浆连接时，套筒灌浆连接接头检验应符合现行行业标准《钢筋套筒灌浆连接应用技术规程》JGJ 355—2015及现行北京市地方标准《钢筋套筒灌浆连接技术规程》DB11/T 1470—2017的规定。当采用半灌浆套筒连接时，钢筋的直螺纹连接应符合现行行业标准《钢筋机械连接技术规程》JGJ 107—2016的规定。应检查同一工程、同一牌号和同一规格的钢筋，施工过程中应按批留置制作3个平行试件并检查钢筋接头力学性能试验报告。

（5）应执行现行国家标准《钢结构工程施工质量验收标准》GB 50205—2020的规定。预制构件采用型钢焊接连接时，型钢焊缝的接头质量应满足设计要求，并应符合现行国家标准《钢结构焊接规范》GB 50661—2011和《钢结构工程施工质量验收标准》GB 50205—2020的规定。

在装配式混凝土结构中，常会采用钢筋或钢板焊接连接。当钢筋或型钢采用焊接连接时，钢筋或型钢的焊接质量是保证结构传力的关键主控项目，应由具备资格的焊工进行操作，并应按国家现行标准《钢结构工程施工质量验收标准》GB 50205—2020和《钢筋焊接及验收规程》JGJ 18—2012的有关规定进行验收。

考虑到装配式混凝土结构中钢筋或型钢焊接连接的特殊性，很难做到连接试件原位截取，故要求制作平行加工试件。平行加工试件应与实际钢筋连接接头的施工环境相似，并宜在工程结构附近制作。

（6）应对预制构件采用螺栓连接时，螺栓的材质、规格、拧紧力矩全数检查，要求其应符合设计要求及现行国家标准《钢结构设计标准》GB 50017—2017和《钢结构工程施工质量验收标准》GB 50205—2020的规定。

装配式混凝土结构采用螺栓连接时，螺栓、螺母、垫片等材料的进场验收应符合现行国家标准《钢结构工程施工质量验收标准》GB 50205—2020的有关规定。施工时应分批逐个检查螺栓的拧紧力矩，并做好施工记录。

钢筋采用机械连接时，应按现行行业标准《钢筋机械连接技术规程》JGJ 107—2016的有关规定进行验收。平行加工试件应与实际钢筋连接接头的施工环境相似，并宜在工程结构附近制作。对于直螺纹机械连接接头，应按有关标准规定检验螺纹接头拧紧扭矩和挤压接头压痕直径。对于冷挤压套筒机械连接接头，其接头质量也应符合国家现行有关标准的规定。

（7）装配式混凝土框架采用后张预应力混凝土叠合梁时，应对其全数检查，并要求其符合国家现行标准《混凝土结构工程施工质量验收规范》GB 50204—2015、《预应力混凝土结构设计规范》JGJ 369—2016、《预应力混凝土结构抗震设计标准》JGJ/T 140—2019及《无粘结预应力混凝土结构技术规程》JGJ 92—2016的有关规定。

（8）应采用观察、量测的方法对装配式混凝土结构分项工程的外观质量进行全数检查，要求其不应有严重缺陷，且不得有影响结构性能和使用功能的尺寸偏差。

（9）应对装配式混凝土结构预制构件防水材料、出厂合格证及相关质量证明文件进行全数检查，要求其应符合设计要求，并具有合格证、厂家检测报告及进场复试报告。

（10）应对外墙板接缝的防水性能进行按批检验和检查现场淋水试验报告。要求每1000m²外墙（含窗）面积应划分为一个检验批，不足1000m²时也应划分为一个检验批；每个检验批、每100m²应至少抽查一处，抽查部位应为相邻两层4块墙板形成的水平和竖向十字接缝区域，面积不得少于10m²。

装配式混凝土结构的接缝防水施工是非常关键的质量检验内容，是保证装配式外墙防水性能的关键，应按设计要求进行选材和施工，并采取严格的检验验证措施。考虑到此项验收内容与结构施工密切相关，应按设计及有关防水施工要求进行验收。

外墙板接缝的现场淋水试验应在精装修进场前完成，并应满足下列要求：淋水量应控制在3L/（m²·min）以上，持续淋水时间为24h。某处淋水试验结束后，若背水面存在渗漏现象，应对该检验批的全部外墙板接缝进行淋水试验，对所有渗漏点进行整改处理，并在整改完成后重新对渗漏的部位进行淋水试验，直至不再出现渗漏点为止。

2. 一般项目

（1）装配式混凝土结构安装完毕后，预制构件安装尺寸允许偏差应符合表6-9要求。

按楼层、结构缝或施工段划分检验批。在同一检验批内，对梁、柱，应抽查构件数量的10%，且不少于3件；对墙和板，应按有代表性的自然间抽查10%，且不少于3间；对大空间结构，墙可按相邻轴线间高度5m左右划分检查面，板可按纵、横轴线划分检查面，抽查10%，且均不少于3面。

装配式混凝土结构安装尺寸的允许偏差及检验方法 表 6-9

项目			允许偏差（mm）	检验方法
构件中心线对轴线位置	基础		15	经纬仪及尺量
	竖向构件（柱、墙板、桁架）		8	
	水平构件（梁、板）		5	
构件标高	梁、柱、墙、板底面或顶面		±5	水准仪或拉线、尺量
构件垂直度	柱、墙	≤6 m	5	经纬仪或吊线、尺量
		>6 m	10	
构件倾斜度	梁、桁架		5	经纬仪或吊线、尺量
相邻构件平整度	板端面		5	2m靠尺和塞尺量测
	梁、板底面	外露	3	
		不外露	5	
	柱、墙板	外露	5	
		不外露	8	
构件搁置长度	梁、板		±10	尺量
支座、支垫中心位置	板、梁、柱、墙板、桁架		10	尺量
墙接缝宽度			±5	尺量

（2）应采用观察法对装配式混凝土结构预制构件的防水节点进行全数检查，要求其构造做法应符合设计要求。

6.7.6 文件与记录

（1）装配式混凝土结构工程质量验收时应提交下列文件与记录：

1）工程设计单位已确认的预制构件深化设计图、设计变更文件；

2）装配式混凝土结构工程所用主要材料及预制构件的各种相关质量证明文件、进场验收记录（可参考表6-10记录）、抽样检验或复验报告；

3）预制构件安装施工验收记录（可参考表6-11记录）；

4）套筒灌浆施工申请单；

5）钢筋套筒灌浆连接、浆锚搭接连接的施工检验记录及影像资料；

6）钢筋连接接头的检验报告；

7）冬期灌浆施工环境测温记录；

8）连接构造节点的隐蔽工程检查验收文件；

9）后浇筑叠合构件和节点的混凝土、灌浆料、坐浆材料强度检测报告；

10）密封材料及接缝防水检测报告；

11）分项工程验收记录；

12）工程的重大质量问题的处理方案和验收记录；

13）其他必要的文件与记录。

（2）装配式混凝土结构工程质量验收合格后，应将所有的验收文件归入混凝土结构子分部工程存档备案。

预制构件进场检验批质量验收记录表　　　　　　　　　　表 6-10

单位（子单位）工程名称			分部（子分部）工程名称	
分项工程名称			验收部位	
施工单位			项目经理	
施工执行标准名称及编号				
具体验收项目			施工单位检查评定记录	监理（建设）单位验收记录
主控项目	1	预制构件质量证明文件		
	2	预制构件结构性能检验报告		
	3	预制构件外观质量是否存在严重缺陷		
	4	预制构件表面预贴饰面砖、石材等饰面与混凝土的粘结性能		
一般项目	1	预制构件外观是否存在一般缺陷		
	2	预制构件标识		
	3	预制构件尺寸允许偏差		
	4	预制构件的粗糙面和键槽		
	5	预制构件表面预贴饰面砖、石材等饰面及装饰混凝土饰面的外观质量		
	6	预埋件、预留插筋、预留孔洞、预埋管线等规格型号、数量		
施工单位检查评定结果		专业工长： 项目专业质量检查员：　　　　　　　年　　月　　日		
监理（建设）单位验收结论		 专业监理工程师：　　　　　　　年　　月　　日		

预制构件安装检验批质量验收记录表　　　　　　　　　表 6-11

单位（子单位）工程名称			分部（子分部）工程名称	
分项工程名称			验收部位	
施工单位			项目经理	
施工执行标准名称及编号				

		具体验收项目	施工单位检查评定记录	监理（建设）单位验收记录
主控项目	1	预制构件底部接缝坐浆强度（如采用坐浆法施工）		
	2	灌浆料强度		
	3	钢筋套筒灌浆连接、浆锚搭接连接所有出浆孔均应出浆		
	4	钢筋套筒灌浆连接接头平行试件强度		
	5	预制构件采用型钢焊接连接		
	6	预制构件采用螺栓连接		
	7	采用后张预应力混凝土叠合梁		
	8	装配式结构分项工程的外观质量是否存在严重缺陷		
	9	装配式混凝土结构防水材料		
	10	外墙板接缝的防水性能		
一般项目	1	预制构件安装尺寸允许偏差		
	2	装配式混凝土结构预制构件的防水节点构造做法		

施工单位检查评定结果	专业工长： 项目专业质量检查员：　　　　　　　　年　月　日
监理（建设）单位验收结论	 专业监理工程师：　　　　　　　　　年　月　日

6.8 BIM技术在装配式混凝土结构施工中的应用

BIM技术在装配式结构中的应用具有天然的优势，新型装配式建筑是设计、生产、施工、装修和管理"五位一体"的系统化、集成化建筑，不是"传统生产方式＋装配化"建筑，按传统设计、施工和管理模式进行施工难以体现工业化的本质和优势。新型装配式建筑核心是"集成"，BIM则是"集成"的关键，串联设计、生产、施工、装修和管理全过程，实现装配式建筑的全过程、全方位信息化集成与共享。BIM应用是实现装配式建筑的技术核心，本节以装配式剪力墙住宅项目为例，主要讨论BIM技术在装配式混凝土结构施工中的应用。

6.8.1 装配式施工BIM模型

施工BIM模型的创建一般由常用BIM建模软件Autodesk Revit、Bentley等完成。其中，装配式建筑信息模型采用Revit系列软件较多，本项目BIM建模软件采用Revit。

装配式施工BIM模型应包括现浇部分、预制部分和施工器具组成，现浇部分（现浇梁、现浇墙）在Revit中自带的"系统族"即可创建，预制构件和施工器具在Revit中没有现成的"系统族"，需要创建"可载入族"，以载入到项目中形成装配式施工BIM模型。

6.8.2 参数化创建墙板斜支撑族和节点模板族

Revit在创建族时前期构思必须清晰、合理。在创建族时，首先要确定族的样本文件，如同建筑的基础一样，它是创建族的基础。下面，以创建墙板斜支撑族和节点模板族为例，简要说明实际的建族过程。

预制墙板在施工过程中应设置临时固定措施——斜支撑，墙板斜支撑由支撑杆、支撑托座、预埋螺栓组成，用于承受墙板的侧向荷载和调整预制墙板的垂直度。斜支撑支撑杆的安装基于两个参照标高，支撑托座安装在墙板面和顶板面，预埋螺栓预埋在墙板内和顶板内。因此，在Revit创建支撑杆族时选择的族样板文件为"公制结构框架–梁和支撑"，创建支撑托座族时选择的族样本文件为"基于面的公制常规模型"，创建预埋螺母族时选择的族样板文件为"公制常规模型"，图6-35为创建的支撑托座族和预埋螺栓族。

图6-35　支撑托座族和预埋螺栓族

在Revit族中载入其他族，被载入的族成为嵌套族，将现有的族嵌套在其他族中，可以使嵌套族被多个族利用，从而节约建模时间。墙板斜支撑的支撑杆有长、短之分，支撑杆又由外管、丝杆和连接件组成，长、短斜支撑杆的丝杆和连接件大小相同，因此，可以将创建的丝杆族和连接段族作为嵌套族嵌在长、短外管族上形成长、短支撑杆族，如图6-36所示。

装配整体式剪力墙结构的边缘构件是预制墙板之间的连接部位，有一字形、L形和T形三种。预制墙板间连接部位的暗柱模板（节点模板），有一字形和L形两种，如图6-37所示。常用的节点模板形式有全铝模板、铝框（钢框）及木模板。

图6-36 支撑杆族

铝框木模板由木面板和铝合金肋板、边框组成，木面板的长一般是在暗柱节点长两边返50mm，横肋的长一般是在木面板长的两边返100mm，横肋的竖向分布根据墙板预留孔的位置布置，在Revit创建铝框木模板是以木面板和边框作为主族，以横肋作为嵌套族嵌在主族中。由于铝框木模板的尺寸随暗柱节点的尺寸变化而变化，因此可以将铝框木模板的尺寸参数添加到族中，这样当暗柱尺寸发生变化时修改参数即可驱动形成新的铝框木模板族，将族浏览器中视图（平、立、剖）导出CAD格式，即可生成模板加工图。参数化创建族省去了用CAD画模板加工图的大量重复、繁杂的工作，拿出更多的时间来进行模板方案的优化及施工深化设计。

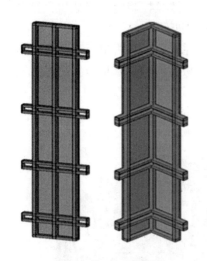

图6-37 节点模板

6.8.3 墙板斜支撑的碰撞检测

目前墙板斜支撑的布置方案是在二维图纸上进行的，以平面、立面、剖面作为表现形式。二维图纸作为一种平面图纸，其信息传递有限，难以从各个角度表现出墙板斜支撑布置的空间位置关系。如果墙板斜支撑布置方案不合理，在L形、T形暗柱节点两侧墙板斜支撑可能发生位置碰撞，从而影响预制墙板的安装。利用BIM技术建立起的三维可视化模型，能够直观反映碰撞位置，如图6-38所示，可实时变换角度，进行全方位、多角度的观察，并方便地在模型中修改——调整墙板斜支撑的位置。

BIM软件Revit和Navisworks都有碰撞检测功能，墙板斜支撑的碰撞检测利用Revit即可。在Revit里检查模型碰撞最大的优势是可以在建模时就进行，其即时性比较强。相对而言，Navisworks可以对较大模型进行整合和碰撞，并且处理的模型所消耗电脑资源比Revit要少得多。因此，简单项目的碰撞检查多用Revit，涉及多专业复杂项目的碰撞检查多用Navisworks。

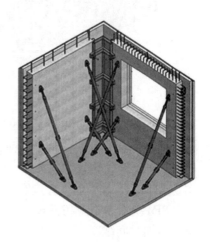

图6-38 墙板斜支撑碰撞

6.8.4 复杂节点的施工仿真模拟

施工仿真模拟即通过三维可视化模型及模型生成的动画，对复杂的工程或复杂的节点进行施工预演，提前发现施工过程中需要注意的问题。下面，对某工程竖向构件复杂节点进行施工仿真模拟。

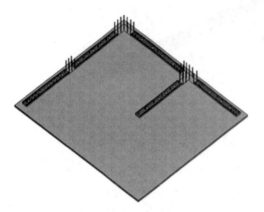

图 6-39 钢筋定位板

该工程四层及以上为装配式混凝土结构，四层以下为现浇混凝土结构，三层现浇墙体定位钢筋位置是否准确，直接影响上层预制墙板的安装。工程采用定位钢板对预埋钢筋进行定位。定位钢板由钢面板和角钢焊接而成，面板钢筋预留孔直径比定位钢筋直径大2mm，同时为方便混凝土浇筑与振捣，面板上开直径为100mm的振捣孔，如图6-39所示。钢筋定位板需在顶板浇筑之前按照控制定位线放置，待预制墙板吊装前取出即可。

预制剪力墙板安装时，施工现场一般先安装预制墙板（图6-40），再进行现浇部位钢筋绑扎（图6-41）。预制墙板的吊装安装就位后，其平行墙板方向根据墙板位置线及控制轴线进行调节，垂直墙板方向校正利用短斜支撑进行调节，墙板平整度校正利用长斜支撑进行调节。

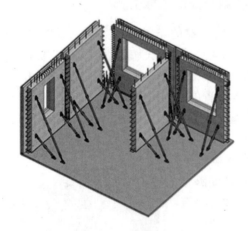

图 6-40 墙板吊装安装

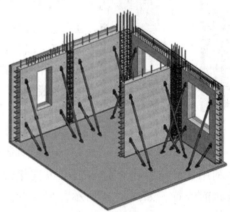

图 6-41 暗柱钢筋绑扎

暗柱模板（节点模板）及PCF板安装时，暗柱模板的选型应尽量做到施工安装方便、模板体系简易化并易于周转，采用定型铝框木模板作为暗柱模板，其一字形、L形、T形暗柱模板形式如图6-42所示。暗柱混凝土浇筑之前，其两侧墙板斜支撑不能拆除，如图6-43所示。墙板斜支撑应在暗柱混凝土浇筑完成后混凝土达到规定强度时方可拆除。

BIM技术的施工仿真模拟分为4D仿真模拟和5D仿真模拟。4D是在BIM的3D模型基础上增加时间维度，通过对建筑物不同建造工序方案的仿真模拟，可以对施工工序的可操

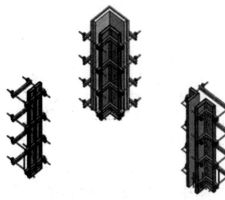

图 6-42　暗柱模板形式　　　　　　　图 6-43　暗柱混凝土浇筑完成

作性进行检验，同时可以分析和比较同方案的优缺点，从而寻找到最佳方案。5D 是在 4D模型的基础上增加成本维度，从而模拟施工过程中的资金流，实现精细化的预算和项目成本的可视化。

　　装配式建筑是建筑业生产方式的重大变革，BIM 技术是推动这一变革的重要技术手段，在装配式建筑中的应用前景十分广阔。随着 BIM 技术在装配式建筑施工安装过程中的不断应用及 BIM 配套软件的不断完善，BIM 技术必将有力推动装配式建筑的稳健发展。

第7章 装配式混凝土结构工程应用案例

7.1 装配整体式框架结构——西安三星电子工业厂房项目

7.1.1 工程概况

该项目为西安市三星电子厂房动力站项目，建筑面积约6万 m²，抗震设防烈度为8度，采用装配整体式混凝土框架结构，共包含1334种、4825个预制构件，可分为4种主要类型：预制柱、预制混凝土型钢桁架双皮墙、预制梁和叠合板等。

7.1.2 项目主要特点

装配式工业厂房基础采用现浇筏板基础，地上为3层装配整体式混凝土框架结构，柱网尺寸为10.2m×8.1m，抗震等级为二级。地下1层（层高7.35m）有大量工业水池，竖向构件为预制柱和预制混凝土型钢桁架双皮墙，其中预制混凝土型钢桁架双皮墙作为挡土墙和水池池壁，地下1层顶板为叠合楼板，地上1、2层层高分别为12.9m、7.3m，竖向构件为预制柱，水平构件为叠合梁，楼板是以 Deck 板作为底模的现浇混凝土楼板。由于1层层高较大，吊装单节柱时最大重量可达60t 以上，为降低对吊装和运输设备的需求，将1层柱拆分为双节柱在现场进行拼装，单节预制柱的最大重量为32t。预制混凝土型钢桁架双皮墙（PTW）为首次从业主方三星集团引进的新型预制构件，由型钢桁架将2块预制混凝土板连接而成，如图7-1所示。

图7-1 PTW 构件

7.1.3　预制构件施工安装要点

1. 施工准备

本项目预制构件重量大、种类多，工程体量大且工期紧，预制构件最大尺寸为1450mm×1600mm，最大吊重达32t，对吊装设备提出了较高要求。基于现场实际情况，采用7台塔式起重机，最大型号STT2200，最大吊重120t，臂尖最小吊重超过10t。为确保满足安装要求，现场塔式起重机平面布置如图7-2所示。

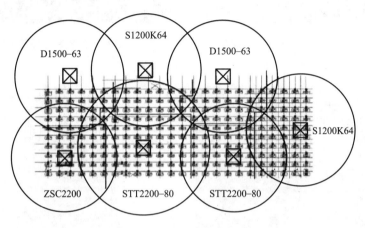

图 7-2　塔式起重机布置

2. 预制柱吊装安装

安装流程为：筏板/楼板插筋定位→浇筑混凝土→筏板/楼板插筋位置复核→柱底现浇混凝土凿毛、清理→筏板/楼板放线→垫片抄标高→预制柱翻身、起吊→垂直度调整、临时固定→上节柱安装→接缝支模→灌浆。具体要求如下：

（1）筏板/楼板插筋定位。本工程典型中柱截面尺寸为1200mm×1200mm，重25t，灌浆套筒32个，典型边柱和角柱截面尺寸为1600mm×1200mm，重32t，灌浆套筒64个，安装时精确定位难度大。针对筏板柱插筋定位问题，在浇筑筏板前，采用3层钢板对柱插筋进行定位，其中下部2层钢板留在混凝土中，最上层的钢板可周转使用。筏板混凝土浇筑完成后，预制柱吊装安装前，用定位钢板复核其插筋位置。如图7-3、图7-4所示。

（2）预制柱底部清理，预制柱底部接缝是结构的薄弱环节，为避免柱底接缝在水平力作用下发生受剪破坏，将柱底的现浇混凝土进行凿毛处理，凿毛后对混凝土屑进行清理，防止污染柱底接合面。预制柱安装前，采用钢垫片进行抄平，使柱底标高满足设计要求。

（3）预制柱吊装安装。项目典型预制柱重约25t，难以采用斜支撑调整垂直度，因此在安装时采用塔式起重机辅助和调整钢垫片的方式进行垂直度调整，调直完成后在预制柱的2个垂直方向安装斜支撑，然后摘钩。上节柱与下节柱安装方法基本相同，由于现场不搭设脚手架，安装人员在剪式升降机上对预制柱进行就位。如图7-5所示。

（4）灌浆。上节柱安装完成后，在接缝部位支设模板并进行灌浆，预制柱采用连通灌浆工艺，灌浆套筒采用大直径套筒，单个构件灌浆量为200～350kg，对套筒灌浆工作的连续性要求高，作业难度大。针对单柱套筒灌浆量较大的情况，为保证灌浆质量，应对灌

图7-3　预制边/角柱灌浆套筒布置　　图7-4　筏板顶部预制柱插筋定位

图7-5　预制柱吊装安装

浆工艺进行严格管控，具体应对措施如下：①灌浆料配合比应严格按厂家说明；②搅拌均匀后进行浆料流动性检测，合格后方可进行灌浆作业；③灌浆料从加水到灌浆作业完成不得超过30min。

3. PTW安装

安装流程为：筏板插筋定位→浇筑混凝土→筏板插筋位置复核→筏板放线→植入化学锚栓→垫片抄平→PTW翻身、起吊→垂直度调整、临时固定→墙脚支模和灌浆→混凝土浇筑。PTW预制构件安装时应注意以下事项：

（1）PTW安装前准备工作，PTW与筏板连接节点构造和安装工艺对筏板钢筋绑扎和混凝土浇筑要求较高。混凝土垫层浇筑完成后，在垫层上对PTW型钢桁架和化学锚栓位置进行放线，绑扎筏板钢筋和PTW插筋时对这些部位进行避让，使筏板内钢筋不与安装阶段的部件（化学锚栓和型钢桁架）发生碰撞。完成筏板钢筋绑扎、止水钢板定位等工作后即可进行混凝土浇筑。为顺利安装PTW，提高塔式起重机使用效率，应做好准备工作，主要包括：筏板浇筑完成后，对化学锚栓、PTW边线和型钢桁架的位置再次进行放线；根据放线点位进行化学锚栓植筋，保证钻孔深度满足产品要求，并将孔内灰尘和杂物吹出，化学锚栓植入后3h 内不得进行扰动；PTW 安装前，对筏板插筋位置进行复测，插筋与 PTW 中型钢桁架发生碰撞时应及时进行调整。

（2）PTW 安装与预制柱相似，PTW 在翻身时也应在底部放置轮胎等软质材料，以免混凝土磕碰损坏。在 PTW 就位过程中，应时刻关注 PTW 墙内侧型钢桁架与筏板插筋位置关系，发生干涉时，立即停止下钩，在钢筋调整后方可继续缓慢下落。临近就位时，通过撬棍调整其水平位置，以钢垫片调节其标高和垂直度。PTW 就位后，安装底部和顶部的钢连接件进行临时固定方可摘钩。

（3）PTW 仅靠底部的钢连接件即可满足临时固定阶段的受力要求，但PTW 高度一般为6m 以上，为满足人的心理安全需求，要求每块 PTW 设置2根斜支撑，而设计单位并未考虑斜支撑的受力作用。完成上述工作后，安装竖向拼缝内侧钢筋网片并进行底部拼缝灌浆支模。从 PTW 竖向拼缝处进行底部拼缝灌浆，然后采用聚氨酯密封胶对竖向拼缝进行封闭。在密封胶凝固期间，进行上部梁、板安装，安装完成后浇筑预制墙体内侧和楼板混凝土。为避免混凝土浇筑时侧压力过大导致预制墙体开裂，应合理控制混凝土浇筑速度。

7.2　装配整体式剪力墙结构——北京马驹桥物流 B 东地块公租房项目[9, 46]

7.2.1　工程概况

该工程由北京市保障房中心开发，北京建工集团负责施工，项目总建筑面积21 万 m^2，含1 ～ 10 号高层住宅楼，10 栋住宅总建筑面积15 万 m^2，为北京市首个大面积实施建造的装配式剪力墙结构，建筑高度45m，地上16 层，如图7-6所示。2013 年7月开工，2014 年11 月主体结构基本施工完成。结构底部加强区采用现浇混凝土剪力墙结构，三层以上采用装配式混凝土剪力墙结构。

图 7-6　马驹桥物流 B 东地块公租房装配式住宅项目

7.2.2　项目主要特点

该工程项目中的预制构件包括预制夹心保温外墙板、预制内墙板、预制阳台板、预制叠合板、预制外挂墙板和预制女儿墙板、预制空调板、预制楼梯、装饰板等九种，预制率约60%，预制构件总数量29189块，预制混凝土总量约2.4万 m³。该项目在预制构件吊装、钢筋套筒灌浆连接、预制墙板及叠合板支撑体系安装、现场后浇混凝土施工、转换层施工等方面成功应用了一系列装配式剪力墙结构施工关键技术及BIM技术，实施效果很好，有效控制了工程质量，减少了建筑垃圾，推进了绿色安全施工，合理降低了综合成本。

7.2.3 预制构件施工安装要点[155-156]

1. 预制构件吊装施工

装配式混凝土剪力墙结构构件吊装过程中，外墙板、内墙板、装饰板、女儿墙板吊装采用球头锚钉起吊系统，楼梯、PCF板采用螺纹锚固起吊系统，空调板、阳台板和叠合板采用预埋螺纹吊钉方式吊装。如图7-7所示。

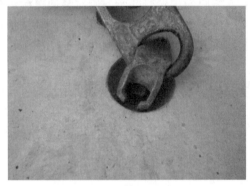 

(a) 球头锚钉起吊　　　　　　　　　　　　(b) 螺纹吊钉起吊

图 7-7　起吊方式

由于预制构件种类繁多，构件的吊点、吊挂方式也不尽相同，造成塔式起重机吊钩与构件连接时，其钢丝绳倾斜角度、吊装绳索长度需根据不同要求进行调整，司索工的施工操作十分不便，装卸钢丝绳的工作量较大，施工时间耗用较长，且根据构件类型选用配套钢丝绳易混淆，不利于吊装施工安全。为此，北京市建筑工程研究院有限责任公司研发了模数化通用吊装平衡梁，即在吊装梁上每40mm设置1个吊孔，各类预制构件均可通过吊装梁的衔接直接吊装，如图7-8所示，使构件吊装平稳、便捷、安全。模数化通用吊装梁及各类构件吊点位置如图7-9所示。

吊装梁由主梁、吊耳板和加强板等构件组成。吊装过程中，各类构件无论与钢丝绳垂直还是有一定角度，实际吊装的受力状态均可通过计算得出所需参数。采用该吊装梁不仅可增加吊装的安全性，还可避免吊装时产生水平分力导致构件旋转问题。司索工可清晰地选择吊装钢丝绳，只需检查吊钩或吊环连接是否牢固即可。该构件吊装专用工具使吊装工作标准化，吊装作业安全性得到有效提高。

图 7-8　叠合板吊装

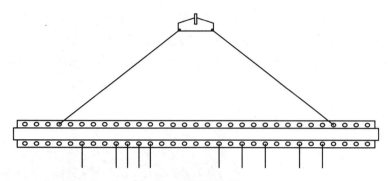

图 7-9　吊装梁构造示意

2. 支撑体系安装

（1）预制墙板支撑

预制墙板斜支撑结构由支撑杆与 U 形卡座组成，该支撑体系用于承受预制墙板的侧向荷载和调整预制墙板的垂直度。

安装预制墙板斜支撑前，需提前在叠合墙板内预埋螺栓，螺栓外露高度不少于 40mm 且需垂直于板面。墙板吊装就位后，用螺栓将墙板的斜支撑杆安装在墙板和预埋螺栓连接件上，如图 7-10 所示。斜支撑的长螺杆长一般为 2350mm，短螺杆长 918mm，可调节长度为 ±100mm，管壁厚度一般经计算确定。

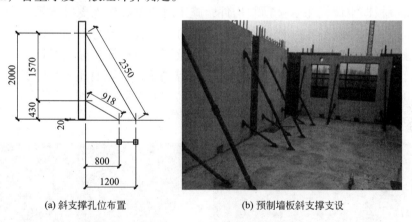

(a) 斜支撑孔位布置　　　　　　(b) 预制墙板斜支撑支设

图 7-10　预制墙板斜支撑

预制墙板安装时，应将墙板下口定位、对线，并用靠尺板校正垂直度，然后精调墙板安装位置，方法如下：①垂直墙板方向利用短钢管斜撑调节杆，通过可调节装置对墙板根部进行微调；②在平行墙板方向根据墙板控制轴线校正墙板位置，其偏差可用小型千斤顶在墙板侧面进行微调；③墙板垂直度利用长钢管斜撑调节杆，通过可调节装置对墙板顶部进行微调；④调整墙板水平标高时，在楼板面预设薄钢垫片，并调节到预定的标高位置，墙板吊装时直接就位至钢垫片上。

（2）叠合板支撑

预制叠合板支撑结构采用工具式独立支撑系统，该系统由铝合金工字梁、工字梁托座、独立钢支柱和三脚稳定架组成。安装前应准确定位叠合板的安装位置，在剪力墙面上

169

弹出 +1m 水平线，在墙顶弹出叠合板安放位置线并做出明显标志，以控制叠合板安装标高和平面位置。独立支撑间距一般为 1500 ~ 1800mm，应根据实际施工工况计算后确定。安装楼板前，应调整支撑至设计标高，以控制剪力墙或梁顶面的标高及平整度，如图 7-11 所示。

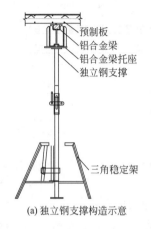

(a) 独立钢支撑构造示意

(b) 叠合板支撑安装完成

图 7-11 预制叠合板钢支撑

（3）空调板支撑

空调机搁板即空调板为悬挑预制构件，施工时应单独考虑支撑体系。为了不影响外防护架的提升，根据现场实际情况，采用在外窗口设置悬挑定型钢支撑体系，该支撑体系由方钢管和圆钢管组焊而成，具体钢管尺寸及壁厚应根据实际工况计算确定。定型支撑的钢管立柱下端采用可调支腿，用于调整支撑高度，支腿底座为U形支托，支托卡在 100mm×100mm 方木上，整体支撑在外窗下口，定型支撑顶部为凹字形槽固定在窗上口，在顶部用斜支撑作为空调机搁板的支撑体系，如图 7-12 所示。

(a) 支撑顶部外形

(b) 实际支撑情况

图 7-12 空调机搁板支撑

3. 现场后浇混凝土施工

装配式混凝土剪力墙结构是预制或部分预制的混凝土墙板等预制构件，通过在水平和垂直方向节点部位外伸钢筋的有效连接及现场后浇筑混凝土，使墙体连成整体，与其他现场浇筑的剪力墙共同工作而形成的剪力墙结构。现场后浇混凝土范围包括核心筒墙体、楼板（叠合板预制）、墙体边缘构件等。边缘构件是预制构件墙板之间的连接部位，也是剪力墙结构的重要受力部位，有一字形、L形（图7-13）和T形三种。叠合板底板即为后浇叠合层混凝土的模板，叠合板间现浇板带设计宽度为100～260mm。

墙板构件间现浇节点暗柱及叠合板构件间现浇板带要保证平整，不出现高低或凹凸错台，模板需优化设计和加工，并考虑周转次数。后浇混凝土剪力墙可选用钢框木模定型模板，预制墙板端、预制叠合板端预留设50mm×3mm凹槽，现场安装时将模板镶嵌在凹槽内，再粘贴密封条，使模板紧贴预制板，保证模板接缝严密平整不漏浆（图7-14）。

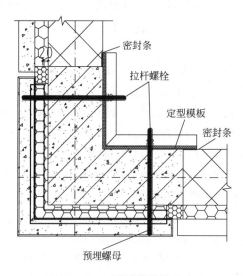

图 7-13　L形墙体连接节点

图 7-14　墙体后浇混凝土模板

4. 转换层施工

现浇层与装配层之间的转换层是施工的关键部位。现浇墙体定位钢筋是否准确，直接影响上层预制墙板的安装及施工安全。定位钢筋必须严格按设计要求的锚固长度加工，且插入套筒内的钢筋端部无切割毛刺，插筋位置应准确，使安装预制墙体时能快速插入连接套筒。为保证钢筋定位准确，两排定位措施钢筋分别位于板下50mm和定位钢筋端部向上200mm，预留墙体插筋与固定措施筋须绑扎牢固；混凝土浇筑前应将定位钢板套在预留钢筋上，预留钢筋偏差过大应进行修正，以保证钢筋位置准确，见图7-15。定位钢板中钢筋预留孔直径为定位钢筋直径+2mm，定位钢板预留直径100mm的混凝土浇筑孔，施工过程中将定位措施钢筋和定位钢板固定牢固，可确保定位钢筋的垂直度。

在浇筑板混凝土时，应避免对定位钢板的扰动；在顶板混凝土初凝前，再次对定位钢板的位置进行检查，若有偏差及时进行校正，以保证预制墙体插筋位置的准确。

图 7-15　定位钢板固定预埋钢筋

5. 钢筋套筒灌浆连接施工

装配式混凝土剪力墙结构竖向构件的钢筋采用套筒灌浆连接，即在预制构件内预埋的金属套筒中插入钢筋并灌注水泥基灌浆料，使上下墙板连成一体。采用钢筋套筒灌浆连接时，预留连接钢筋位置和长度应满足设计要求，套筒和灌浆材料应采用同一厂家经认证的配套产品。预制墙体安装过程中，应严格控制墙板高度及平整度，保证墙板安装标高准确。

预制构件吊装后，开始灌浆施工。灌浆设备需预先润湿并严格按灌浆料厂家提供的配合比搅拌，灌浆过程中，应安排专人定量取料、定量加水搅拌均匀，灌浆料拌合物应在制备后 0.5h 内用完。套筒灌浆一般采用压浆法，从下口灌注，浆料从上口流出时及时封闭；采用专用堵头封闭，封闭后灌浆料不得外漏；灌浆作业完成后 12h 内，构件和灌浆连接接头不应受到振动或冲击作用。

预制墙板构件钢筋套筒灌浆施工时，采用填缝砂浆在墙体周边勾缝，厚度 20mm，宽度不大于 15mm，勾缝应严密，保证不漏浆。一般按 1.5m 范围划分连通灌浆区域。由于预制外墙板外侧不易保证密封，故在外墙板保温层顶面粘贴 PE 密封条（图 7-16），避免灌浆作业时漏浆，既可保证质量及结构安全，也缩短灌浆时间，且不影响外檐施工。

套筒灌浆饱满度可采取以下四种方法进行综合控制，以保证灌浆密实。

（1）体积法：即根据每个灌浆腔钢筋套筒接头数量计算每个腔需用的灌浆料数量，考虑充盈系数，实际灌浆料用量宜大于理论计算量的 1.15 倍。若充盈系数小于 1，说明实际灌浆量小于理论计算量，即可判定质量存在缺陷，需进行补浆及采取其他加固方案。

（2）压力表法：灌浆料从灌浆口灌入，出浆口流出，出浆口加封堵后，压力表测试压力 0.1MPa 保持 1min。经保压后可拔除灌浆管，封堵必须及时，避免灌浆腔内经过保压的浆体溢出灌浆腔，造成灌浆不实。拔除灌浆管到封堵橡胶塞时间间隔不得超过 1s。若发生保压后出浆孔未冒浆，应针对该套筒的注浆孔进行补浆。

（3）观察法：直接观察出浆孔，以冒浆为标记加封堵，注浆完成。灌浆施工过程中若出现漏浆，必须及时封闭灌浆腔并二次灌浆饱满。

（4）利用传感器监测饱满度：在灌浆前将传感器插入出浆孔中，应保证传感器伸入到出浆孔底部或连接钢筋位置，并应采用专用橡胶塞固定传感器。保持传感器测试面与水平面垂直以及专用橡胶塞的排气孔朝上（图 7-17）。传感器宜布置于灌浆仓两端的钢筋套筒中。灌浆饱满性判定，用灌浆饱满性检测仪在检测过程中显示的波形图判定该套筒灌浆是

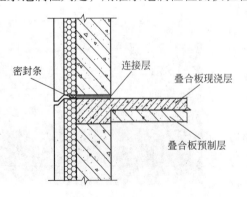

图 7-16　外墙板外侧粘贴 PE 密封条

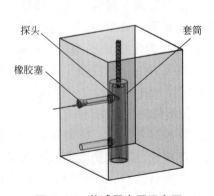

图 7-17　传感器布置示意图

否饱满，若显示不饱满应及时查找原因，处理后进行补灌。

冬季套筒灌浆作业时，当施工环境温度低于5℃，应使用低温型专用灌浆料产品。低温型灌浆料的适用温度为套筒部位温度−5 ~ 10℃，当施工环境最低温度小于−10℃或最高温度大于15℃时禁止使用低温型灌浆料。施工现场应采取有效措施保证灌浆作业时周围环境温度、套筒部位温度等，以满足低温型专用灌浆料的使用要求。

7.3　装配整体式剪力墙结构——成都大丰保障房项目

7.3.1　工程概况

成都大丰保障房项目位于成都市新都区，项目总建筑面积52万 m²，是四川省建筑业绿色施工示范工程，成都市首个工业化高层住宅示范项目，也是西南地区规模较大的工业化住宅项目，见图7-18。该项目由中国建筑西南设计研究院有限公司设计，成都建工集团有限公司施工，预制构件由成都建工工业化建筑有限公司生产，北京市建筑工程研究院有限责任公司提供装配式施工技术成套体系服务和装配式结构施工管理工作。

图 7-18　成都大丰保障房项目

7.3.2　项目主要特点

该工程项目由25层、28层、30层、33层四种楼层数组成，建筑高度72.8 ~ 96m，预制率约50%。该项目原为传统现浇混凝土剪力墙结构，确定为建筑工业化项目后，根据建筑工业化的要求进行了结构方案的调整，但仍不完全满足装配式结构的结构形式简单、标准化程度高的特点。这也造成项目中构件较琐碎且形式不能统一。本项目的预制梁是在装配式剪力墙结构中并不多见的预制构件。

7.3.3　预制构件施工安装要点

该项目的主要施工安装要点与7.2.3节基本一致，此处不再赘述。以下将重点描述在该项目施工安装过程中存在的一些问题与处理方法。

1. 预制墙体安装尺寸偏差控制

预制构件施工安装的过程控制是整个装配式结构施工质量控制的重点，其中预制墙体的安装尺寸偏差控制是施工质量控制的关键点之一，关系着整个建筑立面的整齐和规整。

装配式结构施工的理念为将一块块墙体进行拼接安装，最终形成一个整体。但在实际施工中，安装就位其实是一个非常困难且复杂的工序。首先，构件制作时，构件本身尺寸就存在一定的误差。现行《混凝土结构工程施工质量验收规范》GB 50204—2015等标准中对构件尺寸的偏差进行了约束，认为在此偏差范围内，为合格构件。以墙板构件为例，其宽度、高度、对角线平整度都可允许上下3～5mm的误差。这些误差累积起来不容小觑。

为解决构件安装时的尺寸偏差问题，装配结构在设计时，已提前预留了容错量，比如墙体和墙体之间都存在20mm的拼装缝隙及上下墙体之间也存在拼装缝隙，理论上可以消化安装的尺寸偏差，但在实际施工中，这是一种理想的状态。

实际施工中，每块墙体大约平均有10余个套筒，这些套筒均要套入下层预留的钢筋中，钢筋套入后，对墙体位置进行纠正，基本上就是一件非常困难的事情。落下来的墙可能在3个维度上有位置偏差，分别是垂直墙体的墙体厚度控制线上的偏差、墙体垂直度造成的偏差、顺墙体轴线方向的位置偏差。

当垂直墙体方向存在偏差和墙体垂直度造成偏差时，带来的问题是外立面的平整度问题。外立面的平整度在高层结构中，逐渐累积的量将是非常大的，控制不好，直接导致装配观感质量的重大缺失；当墙体轴线方向和墙体两侧高低存在偏差时，造成了墙体两侧施工缝大小不一致，一侧太宽，而另一侧挨在一起没有缝隙，或者一条缝隙上下宽度不一致，也会导致装配式观感质量差的问题出现。

通过现场实践摸索，总结了一套行之有效的十二字调整方法，即"责任到人，数据记录，逐层控制"。具体来说就是，首先，要保证安装墙体的班组固定统一，该楼每层必须固定一班组来施工，不可轻易更换班组；其次，安装班组要有一套安装记录表格，详细记录了该层每块墙体安装时存在的3个维度的偏差情况；最后，就是最为关键的逐层控制。比如，某预制墙体在下层轴线方向上向左偏了10mm，那么在本层叠合楼板上现浇层浇筑前，应将预留钢筋有意识地向右微斜，这一点需在放置钢筋定位板进行钢筋初步定位时，由安装班组派专人来做标记执行。叠合板浇筑后，再将钢筋进行复核，确认是否向右做了微调，并进行一遍纠正，落墙时，可将墙体在该层基本就位，从而缩小误差。其他维度的偏差调整方式与之类似，其中的关键是预留钢筋位置的预调整。

2. 转换层外墙下侧灌浆缝外侧的封堵问题

在非转换层的外墙外20mm的灌浆缝封堵较简单，只需在下层墙体保温层的上面压贴PE条，通过PE条挤压完成外侧的封堵，防止灌浆过程中的漏浆。而在转换层，该节点的处理就没有那么简单，因为下层并没有保温层，如果认为外墙的灌浆封仓作业就是通过压PE条封堵，结果在没有设计外墙裙边的情况下直接压PE条封堵，会造成PE条侵占结构，挡住灌浆套筒的下口，给施工质量造成极大隐患。现行技术一般有两种办法。

（1）第一种办法为，通过使用封边料砂浆对外侧缝直接进行多遍抹灰封堵。这对工人的细心程度和经验有着较高的要求，封边料砂浆既不能抹得太厚，以免影响套筒口的畅通，又需要抹得严密结实不漏浆，否则会造成灌浆过程中的崩塌以及灌浆漏浆等严重质量问题。

（2）第二种办法为，在装配式结构设计阶段，通过在转换层水平面提前设计预留外探混凝土挑檐构造（约30～50mm），以保证PE条压着时有可靠承载面，从而完成封仓施工。但这样对现浇结构支模提出了较高的要求。

7.4 装配式预应力框架剪力墙结构——正方利民集团基地1号楼项目[153]

7.4.1 工程概况

正方利民集团基地1号楼项目为装配式预应力混凝土框架剪力墙结构，抗震设防烈度为8度，总建筑面积约8000m²，地下1层，地上8层。项目主体结构正负零以下采用现浇形式施工，首层及以上框架部分采用框架结构预制装配、剪力墙现浇的方式施工，如图7-19所示。该项目中采用的预制构件有预制主梁、预制次梁、预制柱、预制叠合楼板、预制楼梯及预制外挂板等共6类，通过现场施工安装及后浇混凝土浇筑完成结构施工。

7.4.2 项目主要特点

1. 难点分析

（1）在进行装配式梁柱节点区连接时，由于节点核心区内存在大量的梁柱交叉纵筋，该区域钢筋的布置和连接比较困难，尤其是该项目预制主梁中需穿设预应力钢绞线，预制混凝土梁、柱安装效率低，无法实现标准化操作，并且混凝土浇筑质量难以得到可靠保证。

（2）为提高预制率，减少现场湿作业量，本项目次梁也为工厂预制，而预制主次梁连接节点施工安装难度较大。

图7-19 正方利民集团基地1号楼项目

（3）由于本项目采用框架结构预制装配、剪力墙现浇的方式施工，需设计相应预制柱与现浇剪力墙钢筋及混凝土连接构造方案。

（4）由于本项目预制主梁采用后张预应力筋施工连接，因此柱端部锚具的布置及外形尺寸应满足该位置柱纵向钢筋的布置要求。

2. 实施方案

为解决以上装配式预应力混凝土框架–剪力墙结构施工安装中的各项问题，本项目在深化设计过程中主要采用了如下技术方案。

（1）为提高预制梁施工安装效率，中柱节点预制主梁梁底纵向钢筋连接深化设计过程中首次采用直螺纹套筒和灌浆套筒相结合的连接方式，如图7-20所示，大大降低了梁柱节点核心区钢筋的密集程度，实现了标准化施工，同时保证了节点区混凝土浇筑质量。

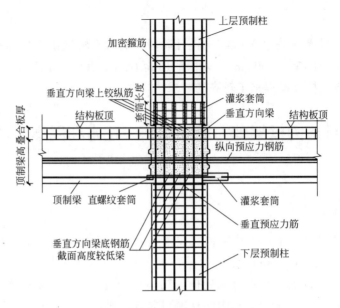

图 7-20 梁柱节点连接图

（2）为实现预制主次梁连接节点的高效安装，深化设计过程中，预制次梁梁底纵筋与预制主梁通过直螺纹套筒采用后置钢筋连接，连接完成后与叠合板后浇层混凝土一起浇筑完成施工，如图 7-21 所示。

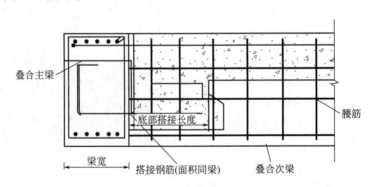

图 7-21 主次梁连接节点

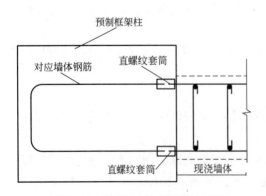

图 7-22 现浇墙体与预制柱连接

（3）该项目剪力墙数量少，且若剪力墙采用预制方案，其吊装重量与其他预制构件吊装重量差别较大，因此剪力墙采取现浇方式施工。剪力墙水平筋与预制柱中预埋直螺纹套筒连接，如图 7-22 所示。

（4）因预制柱钢筋较密，该项目专门设计了尺寸较小的可放置于梁柱节点区的专用预应力锚具，如图 7-23 所示，有效解决了常规锚具与梁柱主筋碰撞及预应力锚具与预制梁预留孔道连接等问题。

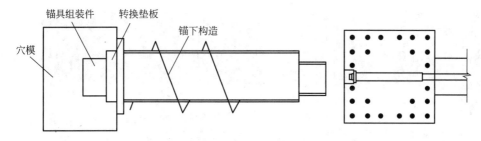

图 7-23　节点核心区专用预应力锚具

7.4.3　预制构件施工安装要点

该项目标准层施工安装的主要流程为：施工准备→预制柱安装→现浇剪力墙钢筋绑扎→预制梁安装→后浇区模板支设→叠合板安装→预制楼梯安装→后浇混凝土施工→预制外挂墙板安装。此处重点介绍从施工准备至叠合板安装阶段的施工技术要点。

1.　施工准备

（1）在预制构件厂，应对典型梁柱节点进行预拼装，以提高施工现场安装效率，避免预制构件制作时出现过大偏差。

（2）对整个吊装过程进行施工组织设计，防止出现由于吊装过程设计不合理而导致的工期延误。

（3）对预制构件进行有效编号，保证预制构件的加工制作、运输与施工现场吊装计划相对应，避免因构件未加工及装车顺序错误影响现场施工进度。

（4）预制构件运送到施工现场并验收合格后，应吊装至指定构件堆放区域，堆放时应按吊装顺序、规格、品种等分区域堆放，且布置在塔吊有效范围内。

（5）施工前应对操作人员进行技术、安全培训和交底，以保证施工安装质量和安全。

2.　预制柱安装

（1）抄平

吊装前，对下柱上表面应先抄平，可选择钢垫片。

（2）柱吊装就位

预制柱吊装时采用预制柱上端预埋吊钉，接近下层顶板待插入钢筋时，放缓吊装速度。预制柱就位时先定位穿入预制柱底一个纵筋连接孔洞，其他柱纵筋可比较准确地套入其他预留套筒。

（3）柱支撑安装

柱就位后及时对柱的位置进行调整，然后用支撑将柱临时固定，用可调斜撑校正柱垂直度，用支撑将柱固定后方可摘除吊钩，图 7-24 为首层柱安装完成后的现场照片。

（4）柱底钢筋套筒灌浆

在柱底与楼板形成密闭空腔后，采用专用灌浆料对柱下部套筒与钢筋之间的间隙进行灌浆，如图 7-25 所示。

（5）安装定位钢板

为防止浇筑混凝土时振动棒导致柱钢筋偏位，预制柱上侧节点核心区浇筑前，每个柱头应套上定位钢板。

图 7-24 首层柱安装

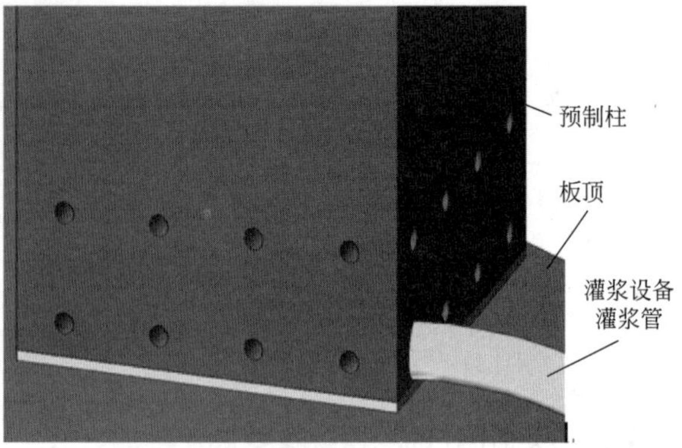

图 7-25 预制柱钢筋套筒灌浆

预制柱
板顶
灌浆设备
灌浆管

3. 现浇剪力墙钢筋绑扎

预制柱吊装完成后，进行现浇剪力墙钢筋绑扎工作。除与预制柱连接的墙体水平钢筋外，现浇剪力墙的钢筋绑扎工作与传统剪力墙施工一致。墙体水平钢筋与预制柱侧预埋直螺纹套筒连接，钢筋绑扎前应对预制柱侧与剪力墙连接位置作凿毛处理，如图 7-26 所示。

图 7-26 预制柱与现浇剪力墙连接节点

图 7-27 预应力筋孔道波纹管连接

4. 预制梁安装

该项目预制梁的安装，包括预制主梁安装及预制次梁安装。安装时，先安装预制主梁，再安装预制次梁。

（1）梁支撑安装

预制梁支撑体系的布置应经计算确定，一般主要考虑梁接头处支撑，吊装前按施工方案搭设支架，校正支架的标高。

（2）梁吊装就位

预制梁吊装一般采取定制吊装钢梁，起吊前应调节好预制梁吊装时的水平度。

（3）调节梁水平及垂直度

梁安装就位后，应及时对梁的位置进行调整并调节支撑件标高，保证其充分受力，之后方可摘除吊钩。

（4）梁钢筋连接

梁底钢筋连接可根据节点核心区钢筋布置情况，采用直螺纹套筒和灌浆套筒连接、钢筋锚固板等，实现在节点核心区的锚固及连接。

（5）预应力孔道连接及预应力筋穿设

主梁吊装完成及梁底钢筋安装完成后，进行节点区预应力孔道连接，连接方式为波纹管连接，如图 7-27 所示。连接预制梁间的预应力波纹管时，应保证波纹管连接处的密闭性，防止出现混凝土浇筑时管道堵塞。在结构两侧预应力端头锚具安装时，应采取有效措施固定锚具位置。

（6）梁灌浆套筒灌浆

主梁梁底钢筋连接采用直螺纹套筒和灌浆套筒的装配式梁柱节点连接结构，待梁钢筋连接及预应力筋穿设完成后，采用专用灌浆料对梁底部灌浆套筒进行灌浆。

5. 后浇区模板支设

完成以上工序后，进行梁柱节点后浇区及现浇剪力墙模板支设。其中，梁柱节点后浇区模板采用定型钢模板，如图7-28所示，也可采用周转次数较少的木模板或其他类型复合板，但应防止在混凝土浇筑时产生较大变形。

6. 叠合板安装

（1）叠合板支撑安装

项目中采用预制预应力混凝土带肋叠合板（PK板），由实心底板和设有预留孔洞的板肋组成，如图7-29所示。预制混凝土叠合板一般根据跨度大小经计算后合理设置支撑，但相对于传统结构，支撑件已大大减少，所有支撑件均采用竖向高度可调杆件。

图 7-28　定型钢模板　　　　图 7-29　预制预应力混凝土带肋叠合板

（2）叠合板吊装就位

预制混凝土叠合板吊装相对简单，在叠合板吊至预制梁顶位置上方0.3m左右时，调整叠合板位置，对位后缓慢下落，准确就位。

（3）叠合板位置校正

用小撬棍将叠合板调整至图纸要求位置，调节支撑立杆，确保所有立杆全部受力，并保证该部位混凝土的标高。

（4）绑扎叠合板负弯矩钢筋，支设叠合板拼缝处及叠合板现浇区域模板

该项目对装配式框架-剪力墙结构中梁柱连接节点、主次梁连接节点、现浇墙与预制柱连接节点、预应力连接节点进行了优化设计与创新，有效提高了结构施工安装效率。结合工程实际情况，可为同类项目的应用提供技术参考。

7.5 装配式预应力框架结构——武汉同心花苑幼儿园项目[154]

7.5.1 工程概况

该项目位于武汉市东西湖区，建筑面积3292m²，地上3层，建筑高度11.1m，抗震设防烈度6度，南楼采用装配式预应力混凝土框架结构，预制部件为三层通高预制柱、预制预应力叠合梁、大跨预应力空心板、预制外挂板，主体结构预制率高达82%，见图7-30。

图7-30 装配式预应力混凝土框架结构

7.5.2 项目主要特点

该工程中的柱、梁、楼板均为预制构件或叠合构件，结构预制率高，现场湿作业量少，预制构件总计528块。梁柱节点区采用后张部分有粘结预应力筋连接形成整体，之后由预埋在框架柱中的钢筋连接器与后插梁顶屈曲约束耗能钢筋进行连接；采用先吊装叠合梁，并穿插预应力筋张拉，随后吊装预制预应力混凝土空心板（SP板）进行施工，通过良好有序的施工调度减少技术间歇，提高施工效率。

工程中预制柱采用三层通高预制整根柱，避免了楼层之间的连接，柱截面尺寸为500mm × 500mm，单柱高11.93m，重约7.7t（图7-31）。在每层纵横向梁柱节点处，预制柱各预留1个对穿孔道作为预应力筋孔道，孔道内设金属波纹管。同时，提前预埋梁柱节点的耗能钢筋以及直螺纹套筒。柱底沿柱边缘四周设置灌浆套筒，与基础预留钢筋进行后灌浆连接（图7-32）。梁柱节点使用后张部分有粘结预应力筋进行压接，纵向采用4根预应力筋，横向采用6根，预应力钢绞线为直径15mm的高强度低松弛钢绞线，$f_{ptk}=1860MPa$，张拉控制力为$0.75f_{ptk}$。

7.5.3 预制构件施工安装要点

1. 预制柱安装

（1）安装面准备。根据现场定位轴线，在已浇筑完工、平整的地面上放出柱边线控制线，对柱和地面结合面进行凿毛及清理，在每根预制柱底部结合面两侧放置垫片，用于底部调平及柱标高调节。对套筒插筋的位置、垂直度进行复核，保证偏位误差在控制范围

图 7-31　预制柱

图 7-32　预制梁及预应力空心板

内，防止安装时地面预埋套筒钢筋无法插入柱身预埋套筒内。

（2）鉴于该柱为通长柱，长度较长，采用大小钩配合将预制柱从平躺状态提起后进行空中翻转，直立后再卸下小钩吊索，利用柱顶大钩平运至安装平面。待预制柱运至安装平面上方后开始匀速下放，下放至距安装面高约500mm时，在安装工人的手扶引导下，缓慢降落至安装面。落地前需要核对预制柱朝向，并利用在安装面放置的专用镜子的成像观察套筒与插筋是否对齐，根据观测结果，进行柱身位置的调节或使用小锤微调钢筋，确保预制柱安装就位，见图7-33。

（3）预制柱调节固定，在预制柱吊装前架设激光扫平仪，扫平仪扫平标高设定为500mm，安装后通过扫平仪激光线与柱面预先标识的500mm控制线进行校核，利用吊钩进行高度调节并在柱底部设置垫片进行支撑，直至激光线与构件表面500mm控制线完全重合。预制柱落位后，及时用顶托固定柱脚，防止垂直度调节过程中柱脚产生位移，同时柱子安装两道斜支撑保证柱身稳定。斜支撑上端与构件预埋件连接，下端与基础梁上预埋的螺杆进行固定。当柱身标高与垂直度经调节满足要求后，采用登高车进行摘钩。如图7-34所示。

2. 预制梁安装

（1）施工准备。通过轴线在柱侧身弹出叠合梁的定位边线和对应结构标高线，并根据叠合梁的定位边线调节钢牛腿的水平定位。安装钢牛腿时需要两台登高车同时作业，完成

图 7-33　预制柱吊装安装

图 7-34　预制柱调节

钢牛腿的对拉螺杆安装。

（2）预制梁吊装（图7-35）。挂钩后，先将构件起升1m，由挂钩人员检测挂钩是否牢固，在叠合梁两端缠绕固定牵引绳，将叠合梁吊运至落位点处，全程使用牵引绳对叠合梁的移动进行引导，吊至距离落位点0.5m高、水平距离0.5m时，采用人工手扶引导落位，根据定位弹线控制其落位。通过预应力管道的对位情况和梁定位边线对叠合梁的标高和水平定位进行校核，若有偏差，通过调节钢牛腿底部工装件螺杆的高度对叠合梁标高进行微调，通过吊车和人工配合对梁水平定位进行微调；调节完毕后，在叠合梁顶部使用木楔楔紧，并在梁底段设置三角独立支撑。预应力张拉完成后，方可拆除钢牛腿和三角独立支撑。

预制梁内预应力分项的施工包含预应力筋穿筋、张拉、切割封锚以及孔道灌浆几个布骤。预应力筋穿筋的施工时间节点为叠合梁吊装就位、调节完成后，节点封仓前。穿筋前需进行孔道的清理检查，采用卷扬机牵引（或人工）将预定数量的预应力筋进行穿束。穿筋后检查预应力筋能否在孔道内自由移动。待梁柱节点连接拼缝位置浆料强度达到设计要

图7-35　预制梁吊装安装

求后（至少等待12h），可以开始进行预应力筋的张拉，张拉之前须有混凝土强度报告。

部分有粘结预应力预制梁均为两端张拉，张拉方式为一端张拉，另一端补拉。预应力筋的张拉按照前卡液压式千斤顶逐根张拉、对称张拉的原则进行，张拉采用应力控制为主、校核预应力筋的伸长值为辅的双控方法进行。各束预应力筋实际伸长值与理论值的相对允许偏差为±5%。

具体张拉过程：安装张拉端锚具→逐根张拉至10%设计张拉力，记录钢绞线的外露长度并作为初始值→逐根张拉至103%设计张拉力，记录钢绞线的外露长度，作为最终值。

具体张拉步骤（图7-36）：①穿顶。将预应力筋从千斤顶的前端穿入，直至千斤顶的顶压器顶住锚具为止。②安装工具锚。应使工具锚与千斤顶后部贴紧，并锁紧夹片。③张拉。油泵启动供油正常后，开始加压，达到要求的张拉力的10%时，停止张拉，记录钢绞线的外露长度作为初始值L_1，继续加压，直至达到要求的张拉力的103%时，记录钢绞线的外露长度作为最终值L_2。测量记录要精确到毫米。张拉时，应控制给油速度，给油时间不应低于0.5min。④预应力筋群锚张拉伸长量计算及复核。预应力筋群锚张拉测量记录分别记录10%设计张拉力、103%设计张拉力所对应的钢绞线外露长度，计算出对应于各加载段预应力筋的伸长，回归出前10%设计张拉力对应的预应力筋的伸长，将两段加载时预应力筋对应伸长相加，所得之和即为实际伸长值，用以校核计算伸长值。计算张拉伸长值，$\Delta L =$（最终长度L_2－初始长度L_1）/0.9，并与按照规范规定的公式计算的预应力筋理论伸长量进行对比。

待预应力筋张拉完成24h，且经检查预应力筋没有明显回缩后，可以进行多余预应力筋的切割（图7-37）。切割采用砂轮切割机进行，保证切除后预应力筋的出夹长度不小于30mm。切割完成后使用不低于梁身混凝土强度等级的细石微膨胀混凝土进行封锚，要求封锚混凝土密实，并且要求张拉端全部封住，不得露筋。

封锚完成且达到设计强度后，可以进行预应力孔道灌浆。灌浆料采用抗压强度等级为42.5MPa的普通硅酸盐水泥，水泥浆水灰比控制在0.40～0.42之间，并掺入适量膨胀剂，以增加孔道灌浆的密实性。水泥浆需制作标准试件留待检测，其28d强度不得低于30MPa。

图 7-36　预应力施工

图 7-37　预应力钢筋切割

浆料搅拌充分后，采用灌浆机从梁端最低点压浆孔压入，灌浆压力为 0.5 ~ 0.6MPa，并由近及远逐个检查各梁出浆孔，待出浆后逐一封闭。当最末端梁端出浆孔出浆后，保持压力继续加压 30s，封闭出浆孔，随后可以停止灌浆，并封闭压浆孔。

3. 楼板施工

（1）施工准备，将叠合楼板按照类别进行叠放，叠放层数不应超过 5 层。对叠合楼板的表面和空腔进行检查。

（2）吊装，采用吊车将叠合楼板吊至设计位置，叠合梁两端放置在叠合梁预留的叠合深度内。叠合楼板间应密铺，并采用砂浆填塞板缝。吊装完成后，需按照施工验算要求在叠合板下布置三角独立支撑，以防止叠合板出现变形和裂缝，该三角独立支撑需在混凝土浇筑完成并达到规定强度要求后方可拆除。

（3）浇筑混凝土，按照设计图纸在梁柱节点布置梁端耗能钢筋和抗剪钢筋，并在叠合板上按照设计要求布置板身构造钢筋。采用布料机进行叠合梁板现浇部分的混凝土浇筑，达到规定的高度后，进行平整和养护。

（4）为保证项目的高效施工，减少施工时间，在施工前期的策划过程中，进行了施工流水的优化，合理设计了吊装流向、施工间歇、工序穿插，提高了施工效率。该施工流水要求在吊装叠合梁时采用先横向再纵向，从中心向两侧按跨依次对称吊装，同时在每跨叠合梁吊装完成后，需穿插进行预应力筋的穿插以及梁柱节点封仓的工作，待封仓料强度达到设计要求后，按照吊装顺序依次进行预应力钢筋的张拉，吊车在相邻两跨预应力筋张拉完成后，同步进行跨内预应力空心板的吊装。采用该流水，合理规避了穿筋和封仓作业的技术间歇，提高了整体的施工效率。

7.6　装配式预应力框架结构——北京建工文安综合楼项目

7.6.1　工程概况

本工程项目位于河北省廊坊市文安县东都环保产业园内，为全国首例装配式预应力混凝土减震框架结构的建筑（图7-38）。其主楼地下基础为条形基础，地上为装配式混凝土框架结构，抗震设防烈度为7度。工程总建筑面积约为0.48万 m²，室内外高差0.3m。建筑总高度21m，地上4层，一层层高为4.45m，二、三层层高为3.9m，四层层高为4.5m。

图 7-38　施工现场

7.6.2　项目主要特点

该工程为国内首例装配式预应力混凝土减震框架结构，采用了预制预应力混凝土柱、预制预应力混凝土梁、预制楼板、预制楼梯及耗能钢板剪力墙构件等，结构预制率高，现场湿作业量少。梁柱节点区采用后张有粘结预应力筋连接形成整体，并由耗能钢板剪力墙作为减震耗能装置进行耗能。项目在国内首次采用了预应力螺纹钢筋作为预制混凝土柱的预应力筋，将地上4层预制混凝土柱连接形成整体。梁柱节点预应力钢筋布置如图7-39所示。

7.6.3　预制构件施工安装要点

1. 施工工艺流程

基础施工→预制柱用预应力螺纹钢筋预埋→铺浆找平→穿入预应力螺纹钢筋→起吊就

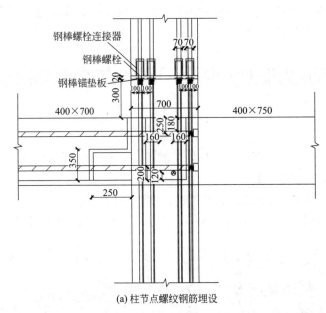

(a) 柱节点螺纹钢筋埋设

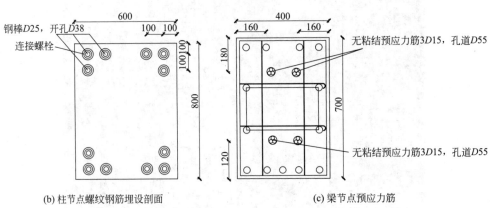

(b) 柱节点螺纹钢筋埋设剖面　　　(c) 梁节点预应力筋

图 7-39　梁柱节点预应力钢筋布置

位→接缝灌浆→预应力张拉施工→柱脚灌浆→预制梁就位→穿入钢绞线→梁柱施工缝灌浆→梁预应力张拉→叠合板铺设→楼板钢筋铺设→浇筑混凝土→二层竖向构件安装→首层外挂板安装。

2. 施工准备

装配式结构施工特别依赖现场主要起重设备塔吊及补充汽车式起重机等机动型起重设备。现场布置主要考虑塔吊起吊重量与构件重量，以此为原则选用塔吊及布置料场，预制柱与预制梁重量较大，需存放于塔吊周边，方便吊取。预制板重量较轻，但数量较多，故存放于现场环形路边，方便汽车式起重机吊装。

3. 预制构件施工

竖向构件预应力螺纹钢筋的精准预埋定位。预制柱基础预应力螺纹钢筋的预埋与定位，通过上下部综合定位后进行条形基础分步浇筑，浇筑后进行复测预埋，以保证竖向预应力螺纹钢筋精度。基础浇筑过程中全程监控，防止预埋件移动，条形基础浇筑完成，实现预埋件近零位移，如图7-40所示。

(a) 预制柱基础预埋

(b) 壁纸刀精细划线

(c) 下部定位

(d) 上部定位

(e) 监控条基浇筑

(f) 条基浇筑完成

图 7-40　预制柱基础施工

　　预制柱吊装安装。预制柱吊装前进行预应力螺纹钢筋的穿筋与固定，之后进行预制柱的起吊和安装就位，预应力螺纹钢筋连接与张拉，预制柱下部1.8m范围内进行预应力灌浆施工，如图7-41所示。

(a) 存放

(b) 穿筋

(c) 起吊

(d) 就位

(e) 预应力螺纹钢筋连接

(f) 测量与加固

图7-41　预制柱施工（一）

(g) 接缝灌浆

(g) 预应力螺纹钢筋对称张拉

图 7-41　预制柱施工（二）

　　预制预应力梁构件施工安装。首先搭设梁板支撑架，吊装就位后，穿设预应力钢绞线，梁柱接缝处灌浆，浆料强度达到设计要求后进行预应力钢绞线张拉，如图7-42所示。

(a) 搭设梁板支撑架

(b) 吊装就位

(c) 穿预应力钢绞线

(d) 梁柱接缝灌浆

图 7-42　预制预应力梁构件施工安装

参考文献

［1］Morris E A. Precast Concrete in Architecture［M］. London：George Godwin Limited，1978.

［2］Moczko，Kai Liang. Reinforced Concrete Modular Constrution［M］. Spring-verlay Berlin Heidclbery，2012.

［3］薛伟辰. 预制混凝土框架结构体系研究与应用进展［J］. 工业建筑，2002（11）：47-50.

［4］黄慎江. 二层二跨预压装配式预应力混凝土框架抗震性能试验与理论研究［D］. 合肥：合肥工业大学，2013.

［5］杨晓旸. 基于PCa技术的工业化住宅体系及设计方法研究［D］. 大连：大连理工大学，2009.

［6］Menegotto M. Precast structures and L'AQUILA 2009 Earthquake. International seminar on precast concrete structures［C］. Lisbon，2010.

［7］刘长发，曾令荣，林少鸿，等. 日本建筑工业化考察报告（节选一）（待续）［J］. 21世纪建筑材料居业，2011（01）：67-75.

［8］陈子康，周云，张季超，等. 装配式混凝土框架结构的研究与应用［J］. 工程抗震与加固改造，2012，34（04）：1-11.

［9］中华人民共和国住房和城乡建设部. 装配式混凝土结构技术规程JGJ 1—2014［S］. 北京：中国建筑工业出版社，2014.

［10］张锡治，李义龙，安海玉. 预制装配式混凝土剪力墙结构的研究与展望［J］. 建筑科学，2014，30（01）：26-32.

［11］朱张峰，郭正兴. 预制装配式剪力墙结构墙板节点抗震性能研究［J］. 地震工程与工程振动，2011，31（01）：35-40.

［12］陈锦石，郭正兴. 全预制装配整体式剪力墙结构体系空间模型抗震性能研究［J］. 施工技术，2012，41（09）：87-89+98.

［13］连星，叶献国，王德才，等. 叠合板式剪力墙的抗震性能试验分析［J］. 合肥工业大学学报（自然科学版），2009，32（08）：1219-1223.

［14］Salmon D C，Einea A，Tadros M K，et. al. Full scale testing of precast concrete sandwich panels［J］. Structural journal，1997，94（04）：354-362.

［15］Salmon D C，Tadros M K，Culp T. A new structurally and thermally efficient precast sandwich panel system［J］. PCI journal，1994，39（4）：90-101.

［16］Harris H G，Iyengar S．Full-scale tests on horizontal joints of large panel precast concrete buildings［J］．PCI journal，1980，25（02）：72-92．

［17］Park R．Seismic design and construction of precast concrete buildings in New Zealand ［J］．PCI journal，2002，47（05）：60-75．

［18］朱幼麟，刘寅生，陈芮，等．装配式大板房屋模型在水平荷载作用下的试验研究［J］．建筑结构学报，1980（02）：31-46．

［19］万墨林．大板结构抗连续倒塌问题（上）［J］．建筑科学，1990（03）：17-24．

［20］社团法人预制建筑协会．预制建筑技术集成（第3册）：WR-PC的设计［M］．北京：中国建筑工业出版社，2012．

［21］Kurama Y，Sause R，Pessiki S，et．al．Lateral load behavior and seismic design of unbonded post-tensioned precast concrete walls［J］．Structural journal，1999，96（4）：622-632．

［22］孙巍巍，孟少平，蔡小宁．后张无粘结预应力装配式短肢剪力墙拟静力试验研究［J］．南京理工大学学报，2011，35（03）：422-426．

［23］张季超，陈杰峰，许勇，等．新型预制装配整体式框架结构技术探讨［J］．建筑结构，2013，43（S1）：1355-1357．

［24］Satnton J，Stone W C，Cheok G S．A hybrid reinforced precast frame for seismic regions［J］．PCI journal，1997，42（02）：20-32．

［25］曲秀姝，刘彬，张艳霞．自复位混合连接节点抗震性能及影响因素分析［J］．施工技术，2018，47（16）：147-152．

［26］中国工程建设标准化协会标准．钢筋混凝土装配整体式框架节点与连接设计规程 CECS 43：92［S］．北京：中国计划出版社，1992．

［27］蔡小宁．新型预应力预制混凝土框架结构抗震能力及设计方法研究［D］．南京：东南大学，2012．

［28］种迅，孟少平，潘其健．后张预应力预制混凝土框架梁柱节点抗震性能试验研究［J］．土木工程学报，2012，45（12）：38-44．

［29］韩建强，刘冉冉，廖永，等．附加角钢的预应力装配式框架结构节点连接结构 CN201420363486.0［P］．2014.11.05．

［30］朱洪进．预制预应力混凝土装配整体式框架结构（世构体系）节点试验研究［D］．南京：东南大学，2006．

［31］郭海山．新型预应力装配式框架体系（PPEFF体系）理论试验研究、建造指南与工程案例《新型预应力装配式框架体系（PPEFF体系）——理论试验研究、建造指南》［M］．北京：中国建筑工业出版社，2020．

［32］Priestley M N，Sritharan S，Conley J R，et．al．Preliminary results and conclusions from the PRESSS five-story precast concrete test building［J］．PCI journal，1999，44（06）：42-67．

［33］Habraken N J．Supports：an alternative to mass housing［M］．Westport：Praeger Publishers，1972．

［34］仲方．CSI住宅：从理想到现实的嬗变［J］．住宅产业，2011（04）：61-63．

［35］中国人民共和国建设部. 装配式大板居住建筑结构设计与施工规程 JGJ 1—1991 ［S］. 北京：中国标准出版社，1991.

［36］深圳市住房和建设局. 预制装配整体式钢筋混凝土结构技术规范 SJG 18—2009 ［S］. 深圳：中国建筑工业出版社，2009.

［37］中华人民共和国住房和城乡建设部. 预制预应力混凝土装配整体式框架结构技术规程 JGJ 224—2010 ［S］. 北京：中国建筑工业出版社，2011.

［38］中国工程建设标准化协会. 整体预应力装配式板柱结构技术规程 CECS 52—2010 ［S］. 北京：中国计划出版社，2011.

［39］上海市城乡建设和交通委员会. 装配整体式住宅混凝土构件制作、施工及质量验收规程 DG/T J08—2069—2010 ［S］. 上海：统计大学出版社，2010.

［40］上海市城乡建设和交通委员会. 装配整体式混凝土住宅体系设计规程 DG/T J08—2071—2010 ［S］. 上海：上海市建筑建材业市场管理点站，2010.

［41］江苏省住房和城乡建设厅. 预制装配整体式剪力墙结构体系技术规程 DGJ 32/TJ125—2010 ［S］. 江苏：江苏省工程建设标准站，2011.

［42］北京市住房和城乡建设委员会和北京市质量技术监督局. 装配式混凝土结构工程施工与质量验收规程 DB11/T1030—2013 ［S］. 北京：2013.

［43］上海市城乡建设和交通委员会. 装配整体式混凝土住宅构造节点图集 DBJT08-116—2013 ［S］. 上海：2013.

［44］上海市城乡建设和管理委员会. 装配整体式混凝土公共建筑设计规程 DG/TJ 08-2158—2015 ［S］. 上海：同济大学出版社，2014.

［45］上海市城乡建设和管理委员会. 预制混凝土夹心保温外墙板应用技术规程 DG/TJ08—2158—2015 ［S］. 上海：同济大学出版社，2015.

［46］中华人民共和国住房和城乡建设部. 装配式混凝土建筑技术标准 GB/T 51231—2016 ［S］. 北京：中国建筑工业出版社，2016.

［47］中国工程建设标准化协会. 装配式多层混凝土结构技术规程 T/CECS 604—2019 ［S］. 北京：中国建筑工业出版社，2020.

［48］中华人民共和国住房和城乡建设部. 混凝土结构设计规范 GB 50010—2010 ［S］. 北京：中国建筑工业出版社，2011.

［49］中华人民共和国住房和城乡建设部. 钢结构设计标准 GB 50017—2017 ［S］. 北京：中国建筑工业出版社，2018.

［50］中华人民共和国住房和城乡建设部. 预应力混凝土结构设计规范 JGJ 369—2016 ［S］. 北京：中国建筑工业出版社，2016.

［51］全国钢标准化技术委员会. 高强度低松弛预应力热镀锌钢绞线 YB/T 152—1999 ［S］. 北京：中国标准出版社，2000.

［52］中华人民共和国住房和城乡建设部. 环氧涂层预应力钢绞线 JG/T 387—2012 ［S］. 北京：中国标准出版社，2013.

［53］中华人民共和国国家质量监督检验检疫总局，中国国家标准化管理委员会. 单丝涂覆环氧涂层预应力钢绞线 GB/T 25823—2010 ［S］. 北京：中国标准出版社. 2011.

［54］中华人民共和国住房和城乡建设部. 缓粘结预应力钢绞线 JG/T 369—2012

［S］. 北京：中国标准出版社，2012.

［55］中华人民共和国住房和城乡建设部. 无粘结预应力钢绞线 JG/T 161—2016 ［S］. 北京：中国标准出版社，2017.

［56］中华人民共和国住房和城乡建设部. 钢筋连接用灌浆套筒 JG/T 398—2019 ［S］. 北京：中国标准出版社，2020.

［57］中华人民共和国住房和城乡建设部. 钢筋连接用套筒灌浆料 JG/T 408—2019 ［S］. 北京：中国标准出版社，2020.

［58］中华人民共和国住房和城乡建设部. 钢筋套筒灌浆连接应用技术规程 JGJ 355—2015 ［S］. 北京：中国建筑工业出版社，2015.

［59］中华人民共和国住房和城乡建设部. 预应力混凝土用金属波纹管 JG/T 225—2020 ［S］. 北京：中国质量标准出版社，2020.

［60］中华人民共和国住房和城乡建设部. 普通混凝土拌合物性能试验方法标准 GB/T 50080—2016 ［S］. 北京：中国建筑工业出版社，2017.

［61］中华人民共和国住房和城乡建设部. 水泥基灌浆材料应用技术规范 GB/T 50448—2015 ［S］. 北京：中国建筑工业出版社，2015.

［62］中华人民共和国国家质量监督检验检疫总局，中国国家标准化管理委员会. 混凝土外加剂匀质性试验方法 GB/T 8077—2012 ［S］. 北京：中国标准出版社，2013.

［63］中华人民共和国国家质量监督检验检疫总局，中国国家标准化管理委员会. 预应力筋用锚具、夹具和连接器 GB/T 14370—2015 ［S］. 北京：中国标准出版，2016.

［64］中华人民共和国住房和城乡建设部. 预应力筋用锚具、夹具和连接器应用技术规程 JGJ 85—2010 ［S］. 北京：中国建筑工业出版社，2010.

［65］中华人民共和国住房和城乡建设部. 无粘结预应力混凝土结构技术规程 JGJ 92—2016 ［S］. 北京：中国建筑工业出版社，2016.

［66］中华人民共和国住房和城乡建设部. 装配式多层混凝土结构技术标准 GB/T 51231—2016 ［S］. 北京：中国建筑工业出版社，2017.

［67］中华人民共和国住房和城乡建设部. 建筑模数协调标准 GB/T 50002—2013 ［S］. 北京：中国建筑工业出版社，2014.

［68］中华人民共和国住房和城乡建设部. 建筑抗震设计规范 GB 50011—2010 ［S］. 北京：中国建筑工业出版社（2016年版），2016.

［69］中华人民共和国住房和城乡建设部. 屋面工程技术规范 GB 50345—2012 ［S］. 北京：中国建筑工业出版社，2012.

［70］中华人民共和国住房和城乡建设部. 民用建筑太阳能热水系统应用技术标准 GB 50364—2018 ［S］. 北京：中国建筑工业出版社，2018.

［71］中华人民共和国住房和城乡建设部. 建筑光伏系统应用技术标准 GB/T 51368—2019 ［S］. 北京：中国建筑工业出版社，2019.

［72］中华人民共和国住房和城乡建设部. 采光顶与金属屋面技术规程 JGJ 255—2012 ［S］. 北京：中国建筑工业出版社，2012.

［73］林海侠，毕鑫磊，王新. 工业化装配式屋面系统在雄安设计中心的应用 ［J］. 中国建筑防水，2019（03）：13-16.

［74］万常彪，韩啸. TPO单层屋面系统在装配式冷库项目中的应用［J］. 中国建筑防水，2017（15）：6-9.

［75］中华人民共和国住房和城乡建设部. 外墙外保温工程技术标准 JGJ 144—2019［S］. 北京：中国建筑工业出版社，2019.

［76］尹琦，林琳. 预制装配式建筑中的外墙防水技术探讨［J］. 建筑，2020（18）：68-69.

［77］马健，龚建锋，翟立祥. 装配式建筑外墙板防水设计研究与应用［J］. 浙江建筑，2019，36（04）：36-41.

［78］中华人民共和国住房和城乡建设部. 建筑设计防火规范（2018年版）GB 50016—2014［S］. 北京：中国计划出版社，2018.

［79］中华人民共和国住房和城乡建设部. 建筑机电工程抗震设计规范 GB 50981—2014［S］. 北京：中国建筑工业出版社，2014.

［80］中华人民共和国住房和城乡建设部. 建筑内部装修设计防火规范 GB 50222—2017［S］. 北京：中国计划出版社，2018.

［81］中华人民共和国住房和城乡建设部. 民用建筑工程室内环境污染控制标准 GB 50325—2020［S］. 北京：中国计划出版社，2020.

［82］中华人民共和国住房和城乡建设部. 民用建筑隔声设计规范 GB 50118—2010［S］. 北京：中国建筑工业出版社，2011.

［83］中华人民共和国住房和城乡建设部. 住宅室内装饰装修设计规范 JGJ 367—2015［S］. 北京：中国建筑工业出版社，2015.

［84］中华人民共和国住房和城乡建设部. 高层建筑混凝土结构技术规程 JGJ 3—2010［S］. 北京：中国建筑工业出版社，2011.

［85］中华人民共和国住房和城乡建设部. 建筑结构荷载规范 GB 50009—2012［S］. 北京：中国建筑工业出版社，2012.

［86］中华人民共和国住房和城乡建设部. 混凝土结构工程施工规范 GB 50666—2011［S］. 北京：中国建筑工业出版社，2012.

［87］中华人民共和国住房和城乡建设部. 工程结构可靠性设计统一标准 GB 50153—2008［S］. 北京：中国建筑工业出版社，2008.

［88］YEE A A. SPLICE SLEEVE FOR REINFORCING BARS［P］. 1970.

［89］Lamport W B，Jirsa J O，Yura J A. Strength and behavior of grouted pile - to - sleeve connections［J］. Journal of structural engineering，1991，117（08）：2477-2498.

［90］LING J H，RAMHAMAN A B A，MIRASA A K，et al. Performance of CS-sleeveunder direct tensile load：part Ⅰ：failure modes［J］. Malaysian journal of civil engineering，2008，20（01）：89-106.

［91］刘立平，郑歆耀，李骥天. 装配式结构数值模拟分析中半灌浆套筒钢筋连接本构关系研究［J］. 特种结构，2018，035（04）：1-7.

［92］王瑞，陈建伟，王宁. 钢筋套筒灌浆连接性能有限元分析［J］. 华北理工大学学报（自然科学版），2019，41（01）：53-62.

［93］王国庆，毛小勇. 钢筋套筒灌浆连接的高温性能有限元分析［J］. 苏州科技大

学学报（工程技术版），2018，031（03）：19-26.

［94］周文君，刘永军，王雪. 套筒灌浆钢筋高温抗拉性能数值模拟［J］. 水利与建筑工程学报，2016，14（05）：170-176.

［95］金庆波，孙彬，崔德奎，等. 高温后钢筋套筒灌浆接头力学性能试验研究［J］. 建筑结构，2018，048（23）：38-42.

［96］张丽华，刘洋，郝敏. 冻融循环作用下半套筒灌浆连接节点试验研究［J］. 硅酸盐通报，2019，38（10）：99-105.

［97］高润东，李向民，张富文，等. 基于X射线工业CT技术的套筒灌浆密实度检测试验［J］. 无损检测，2017，39（04）：6-11+37.

［98］张富文，李向民，高润东，等. 便携式X射线技术检测套筒灌浆密实度研究［J］. 施工技术，2017（17），6-9+61.

［99］赵广志，孙坚，许国东. 基于X射线数字成像技术检测预制柱内套筒灌浆质量的研究［J］. 工程质量，2020，38（10）：36-38+49.

［100］姜绍飞，蔡婉霞. 灌浆套筒密实度的超声波检测方法［J］. 振动与冲击，2018（10）：43-49.

［101］聂东来，贾连光，杜明坎，等. 超声波对钢筋套筒灌浆料密实性检测试验研究［J］. 混凝土，2014，000（09）：120-123.

［102］李向民，高润东，许清风，等. 钻孔结合内窥镜法检测套筒灌浆饱满度试验研究［J］. 施工技术（北京），2019，48（09）：6-8+16.

［103］高润东，李向民，王卓琳，等. 基于预埋钢丝拉拔法的套筒灌浆饱满度检测技术研究［J］. 施工技术，2017，46（17）：1-5.

［104］谢焱南，曲秀姝. 灌浆套筒饱满度检测方法及新型无损电阻法研究［J］. 北京建筑大学学报，2022，38（01）：79-91.

［105］尹齐，陈俊，彭黎，等. 钢筋插入式预埋波纹管浆锚连接的锚固性能试验研究［J］. 工业建筑，2014，44（11）：104-107.

［106］余琼，许志远，袁炜航，等. 两种因素影响下套筒约束浆锚搭接接头拉伸试验［J］. 哈尔滨工业大学学报，2016，48（12）：34-42.

［107］马卫军，伊万云，等. 钢筋约束浆锚搭接连接的试验研究［J］. 建筑结构，2015，45（02）：32-35+79.

［108］余琼，许雪静，袁炜航，等. 不同搭接长度下套筒约束浆锚搭接接头力学试验研究［J］. 湖南大学学报（自然科学版），2017，44（09）：82-91.

［109］陈康，张微敬，钱稼茹，等. 钢筋直螺纹套筒浆锚连接的预制剪力墙抗震性能试验［C］. 全国地震工程会议. 2010.

［110］钱稼茹，彭媛媛，张景明，等. 竖向钢筋套筒浆锚连接的预制剪力墙抗震性能试验［J］. 建筑结构，2011，41（02）：1-6.

［111］李宁波，钱稼茹，叶列平，等. 竖向钢筋套筒挤压连接的预制钢筋混凝土剪力墙抗震性能试验研究［J］. 建筑结构学报，2016，37（01）：31-40.

［112］赵作周，韩文龙，等. 钢筋套筒挤压连接装配整体式梁柱中节点抗震性能试验研究［J］. 建筑结构学报，2017，38（04）：45-53.

［113］何庆峰，杨凯华. 密拼叠合板接缝构造与抗弯受力性能试验研究［J］. 西安建筑科技大学学报（自然科学版）. 2020，52（05）：684-692.

［114］丁克伟，陈东，刘运林，等. 一种新型拼缝结构的叠合板受力机理及试验研究［J］. 土木工程学报. 2015，48（10）：64-69.

［115］薛伟辰，杨新磊，王蕴，等. 现浇柱叠合梁框架节点抗震性能试验研究［J］. 建筑结构学报，2008（06）：9-17.

［116］卫冕，方旭. 钢筋套筒浆锚连接的预制柱试验性能研究［J］. 佳木斯大学学报（自然科学版），2013，31（03）：352-357+361.

［117］管东芝，梁端底筋锚入式预制梁柱连接节点抗震性能研究［D］. 东南大学，2017.

［118］CHEONG S W，HILINSKI E J，ROLLETT A D. Performance of hybrid moment-resisting precast beam-column concrete connections subjected to cyclic loading［J］. Aci. structural jarnal. 1995，92（02）.

［119］中国工程建设标准化协会. 装配式混凝土框架节点与连接设计标准 T/CECS43—2021［S］. 北京：中国建筑工业出版社，2021.

［120］蔡小宁. 新型预应力预制混凝土框架结构抗震能力及设计方法研究［D］. 南京：东南大学，2012.

［121］Stefano Pampanin. Reality-check and renewed challenges in earthquake engineering：implementing low-damage systems-from theory to practice［J］. Bulletin of the new zealand society for earthquake engineering，2012，45（04）：137-160.

［122］NZCS，PRESSS deign handbook（Editor：S. Pampanin），New Zealand concrete society，2010，3.

［123］中华人民共和国住房和城乡建设部. 预应力混凝土结构抗震设计标准 JGJ/T140—2019［S］. 北京：中国建筑工业出版社，2020.

［124］ACI Innovation Task Group 1 and Collaborators. Special hybrid moment frames composed of discretely jointed precast and post-tensioned concrete members（ACI Tl. 2-03）and commentary（ACI T1. 2R-03）［S］. American Concrete Institute，Farmington Hills，MI，2003.

［125］Francesco Sarti，Alessando Palermo，Stefano Pampanin，et. al. Fuse-Type External Replaceable Dissipaters：Experimental Program and Numerical Modeling［J］. J. structure. engineer，2016，142（12）：04016134_1-12.

［126］中华人民共和国住房和城乡建设部. 建筑抗震试验规程 JGJ/T 101—2015［S］. 北京：中国建筑工业出版社，2015.

［127］Morgen G，Yahya C. Kurama. Seismic design of friction-damped precast concrete frame structures［A］. ASCE Conf. Proc. 2005.

［128］孙岩波. 装配式型钢混凝土框架节点抗震性能试验研究［D］. 北京：北京建筑大学，2013.

［129］付潇. 不同耗能设计的预制预应力混凝土框架节点抗震性能研究［D］. 北京：北京建筑大学，2021.

［130］屈克达．预压装配式预应力混凝土结构承载力计算方法［D］．合肥：合肥工业大学，2012.

［131］European Committee for Standardisation. Eurocode 3：Design of steel structures – part 1–8：design of joint［S］. EN 1993–1–8：2005.

［132］刘彬．可更换低碳钢耗能器滞回性能试验与理论研究［D］．北京：北京建筑大学，2019.

［133］中华人民共和国住房和城乡建设部．普通混凝土配合比设计规程JGJ 55—2011［S］．北京：中国建筑工业出版社，2011.

［134］中华人民共和国住房和城乡建设部．高强混凝土应用技术规程JGJ/T 281—2012［S］．北京：中国建筑工业出版社，2012.

［135］中华人民共和国住房和城乡建设部．混凝土结构工程施工质量验收规范GB 50204—2015［S］．北京：中国建筑工业出版社，2015.

［136］孙强，郑忠华．浅谈混凝土预制构件制作［J］．商品混凝土，2012（9）：99-100.

［137］张波．装配式混凝土结构工程［M］．北京：北京理工大学出版社，2016.

［138］中华人民共和国住房和城乡建设部．建筑施工高处作业安全技术规范JGJ 80—2016［S］．北京：中国建筑工业出版社，2016.

［139］中华人民共和国住房和城乡建设部．建筑机械使用安全技术规程JGJ 33—2012［S］．北京：中国建筑工业出版社，2012.

［140］中华人民共和国住房和城乡建设部．建筑施工起重吊装工程安全技术规范JGJ 276—2012［S］．北京：中国建筑工业出版社，2012.

［141］中华人民共和国建设部．施工现场临时用电安全技术规范JGJ 46—2005［S］．北京：中国建筑工业出版社，2005.

［142］中华人民共和国住房和城乡建设部．工程测量标准GB 50026—2020［S］．北京：中国计划出版社，2021.

［143］中华人民共和国住房和城乡建设部．钢筋机械连接技术规程JGJ 107—2016［S］．北京：中国建筑工业出版社，2016.

［144］孙岩波，孙少辉，李晨光，等．装配式混凝土结构用塔式起重机施工技术研究［J］．建筑技术，2017（08）：809-811.

［145］中华人民共和国住房和城乡建设部．装配式住宅建筑检测技术标准JGJ/T 485—2019［S］．北京：中国建筑工业出版社，2020.

［146］李晨光，孙岩波．预制型钢混凝土框架节点抗震性能研究与应用［J］．施工技术，2014，43（15）：6-9.

［147］李晨光，郭二伟，阎明伟．产业化住宅项目装配式混凝土施工组织与关键技术体系研究与应用［J］．建筑技术，2015，46（03）：198-202.

［148］孙岩波，李晨光，彭雄，等．装配式预应力混凝土框架—剪力墙结构施工技术应用研究［J］．施工技术，2018，47（04）：32-34.

［149］孙岩波，李晨光，杨旭．装配式混凝土框架结构梁—板—柱节点抗震性能试验研究［J］．建筑结构，2018，48（07）：23-26.

［150］孙岩波，李晨光，阎明伟，等. 装配式混凝土结构桁架式悬挑外防护架技术研究与应用［J］. 建筑技术，2022，53（01）：70-72.

［151］孙岩波，李晨光，阎明伟，等. 采用高强灌浆料的钢筋浆锚搭接连接受力性能试验研究［J］. 建筑技术，2022，53（01）：92-95.

［152］北京市住房和城乡建设委员会，北京市市场监督管理局. 装配式混凝土结构工程施工与质量验收规程 DB 11/T 1030—2021［S］. 北京：中国建筑工业出版社，2021.

［153］中华人民共和国住房和城乡建设部. 预制带肋底板混凝土叠合楼板技术规程 JGJ/T 258—2011［S］. 北京：中国建筑工业出版社，2011.

［154］郭海山. 新型预应力装配式框架体系［M］. 北京：中国建筑工业出版社，2019.

［155］王爱兰，王仑，焦建军，等. 装配式混凝土剪力墙结构施工关键技术［J］. 建筑技术，2015，46（03）：212-215.

［156］王爱兰，李军石，王仑，等. 装配式混凝土剪力墙结构质量控制与验收要点［J］. 建筑技术，2015，46（03）：216-220.